JN123326

木力検定

①木を学ぶ100問
第2版

木材利用システム研究会 木力検定委員会

井上雅文・東原貴志 編著

海青社

編著者紹介

編著者
　木力検定委員会委員長
　井上　雅文　　（東京大学大学院農学生命科学研究科）

　木力検定委員会編集幹事
　東原　貴志　　（上越教育大学大学院学校教育研究科）

著　者　（＊は木力検定委員会委員）
　浅田　茂裕＊　（埼玉大学教育学部）
　足立　幸司　　（秋田県立大学木材高度加工研究所）
　荒木　祐二＊　（埼玉大学教育学部）
　安東　真吾＊　（銘建工業株式会社）
　大内　毅　　　（福岡教育大学教育学部）
　大谷　忠＊　　（東京学芸大学大学院教育学研究科）
　蒲池　健　　　（元 東京大学アジア生物資源環境研究センター）
　久我　洋一＊　（株式会社久我）
　小林　大介＊　（横浜国立大学教育人間科学部）
　小林　靖尚＊　（株式会社アルファフォーラム）
　小原　光博　　（岐阜大学教育学部）
　澤田　豊＊　　（京都大学大学院農学研究科）
　土田　和希人＊（もりもりバイオマス株式会社）
　寺本　好邦　　（京都大学大学院農学研究科）
　永冨　一之＊　（大阪教育大学教育学部）
　仲村　匡司＊　（京都大学大学院農学研究科）
　藤元　嘉安　　（宮崎大学教育学部）
　（五十音順、所属は 2021 年 4 月現在）

表　紙・イラスト
　川端　咲子

はじめに

　私たちの身のまわりにある多くの住宅や家具製品には木材が使われています。木材は、昔から私たちの暮らしと馴染み深い材料でしたが、化石燃料やコンクリート、化成品が登場してからは徐々に使われなくなりました。しかし、持続可能な社会を目指すための方策の一つとして、再生可能な資源である木材の活用が改めて注目されています。

　どうして"木を使うことが環境を守る"ことになるの？　"木は呼吸する"ってどういうこと？　"桶と樽"の違いって何？　"鉄に比べて木は弱そう"……大丈夫かなぁ？『木力検定』では、そのような素朴な疑問について、問題を解きながら楽しく学んでいただけるよう、100問を厳選しました。また、各問の解説を読むことによって知識を広げていただけるよう工夫しています。『木力検定』を通じて、木の素晴らしさや不思議を発見し、木の正しい知識を習得していただければ幸いです。一般の消費者には自己学習に、木材産業界には社内教育や営業ツールとしてご活用いただければと願っています。

　この度の第2版発行にあたっては、2012年に発行した初版の掲載情報が当時の調査内容に基づいており、その後の技術開発や社会情勢の変化に伴い木材需要等の各種データに変化がみられるため、最新の情報をもとに問題の改定を行いました。初版同様、本書を通して木について楽しく学んでいただけることを願っています。

　『木力検定』に関する検討の一部は、日本木材青壮年団体連合会が担当した平成22年度地域材利用加速化支援事業（林野庁）において実施されました。また、本書は、木材利用システム研究会に設置された木力検定委員会において編集しました。関係各位に厚く御礼申し上げます。

　2021年5月1日　　　　　　　　　木材利用システム研究会 会長
　　　　　　　　　　　　　　　　木力検定委員会 委員長
　　　　　　　　　　　　　　　　井 上　雅 文

木力検定に挑戦！

　WEB版木力検定は無料です。どなたでも自由に受検できます。
　初級検定・中級検定があり、それぞれ20問中14問以上正解で
合格証書が表示されます。合格証書には受検時に入力された氏名
と合格証書番号が記載されます。

URL: http://www.woodforum.jp/test/mokken/

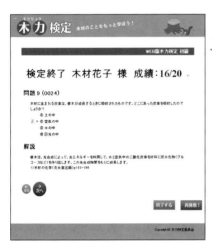

木力検定
モク リョク ケン テイ

①木を学ぶ100問
第2版

目　次

《問題ページの凡例》

> Web検定受検者の正答率を示しています。

1 洋酒用の樽から酒にしみだす成分 (正答率79%)

洋酒は、樽に長期間貯蔵されて熟成されます。その間に、どの成分がゆっくりと酒にしみ出すでしょうか？
- ①エタノール
- ③ポリフェノール
- ②メタノール
- ④ポリエチレン

> 難易度を表示しています。
> ◣◢：Web検定初級問題
> ◣◢：Web検定中級問題

木材は古くから生活のいろいろな所に利用されてきき えば、お父さんがよく飲むスコッチ・ウイスキーシュ・ウイスキーで親しまれてきたウイスキーを貯蔵するは、ホワイトオークやコモンオーク等のオーク（ナラ）が使ます。ホワイトオークは、北米大陸が産地であり、色が白く、重くて硬い材料です。コモンオークは、ヨーロッパや北アフリカ、西アジアなどが産地であり、ワイン樽としても有名です。

これらの酒は、樽に長期間貯蔵して熟成させます。その際に、樽のオーク材に含まれる香り成分やタンニンやカテコールなどのポリフェノール類などがゆっくりと酒にしみ出し、無色透明から琥珀色に変え、まろやかな味を作り出します。

ホワイトオークの道管内には、チロースという物質が見られます。このチロースが生じると道管が詰まり、木材中の液体の通導が妨げられることになります。洋酒は樽の中で長期間熟成されるため、原酒の成分が樽の壁面を通って蒸発し、年々少しずつ減少していきます。道管が詰まっていない（チロースが発達していない）材で作られた樽では、この蒸発量が多くなりウィスキーの歩留まりが悪くなります。チロースが発達したホワイトオークで作られた樽では、蒸発量が適度な量に抑えられ、熟成に適した環境を生み出すことができます。

このように、洋酒の樽にオークが使用されているのは、液体が漏れにくい構造であること、香り成分やポリフェノール類などが酒づくりに重要な役割を果たしているためといえるでしょう。

目　次

🌿 木と木材のつくりを学ぼう

📖 木材の性質を学ぼう

木材の利用と木質材料を学ぼう

木のここちよさを学ぼう

木材と住宅について学ぼう

木と環境について学ぼう

木材と社会とのつながりについて学ぼう

解答用紙

●木と木材のつくりを学ぼう

問題	①	②	③	④
1				
2				
3				
4				
5				
6				
7				
8				
9				
10				
11				
12				
13				

●木材の性質を学ぼう

問題	①	②	③	④
14				
15				
16				
17				
18				
19				
20				
21				
22				
23				
24				

●木材の利用と木質材料を学ぼう(1/2)

問題	①	②	③	④
25				
26				
27				
28				
29				
30				
31				
32				
33				

●木材の利用と木質材料を学ぼう(2/2)

問題	①	②	③	④
34				
35				
36				
37				
38				
39				

●木のここちよさを学ぼう

問題	①	②	③	④
40				
41				
42				
43				
44				
45				
46				
47				
48				
49				
50				
51				
52				

●木材と住宅について学ぼう

問題	①	②	③	④
53				
54				
55				
56				
57				
58				
59				
60				
61				
62				
63				
64				
65				

●木と環境について学ぼう

問題	①	②	③	④
66				
67				
68				
69				
70				
71				
72				
73				
74				
75				
76				
77				
78				
79				
80				
81				
82				
83				
84				
85				
86				

●木材と社会とのつながりについて学ぼう

問題	①	②	③	④
87				
88				
89				
90				
91				
92				
93				
94				
95				
96				
97				
98				
99				
100				

*正答はpp.116-117

木と木材のつくりを学ぼう

1 洋酒用の樽から酒にしみだす成分

洋酒は、樽に長期間貯蔵されて熟成されます。その間に、どの成分がゆっくりと酒にしみ出すでしょうか？

①エタノール　　③ポリフェノール
②メタノール　　④ポリエチレン

木材は古くから生活のいろいろな所に利用されてきました。例えば、お父さんがよく飲むスコッチ・ウイスキーやアイリッシュ・ウイスキーで親しまれてきたウイスキーを貯蔵する樽の材料には、ホワイトオークやコモンオーク等のオーク（ナラ）が使用されています。ホワイトオークは、北米大陸が産地であり、色が白く、重くて硬い材料です。コモンオークは、ヨーロッパや北アフリカ、西アジアなどが産地であり、ワイン樽としても有名です。

これらの酒は、樽に長期間貯蔵して熟成させます。その間に、樽のオーク材に含まれる香り成分やタンニンやカテコールなどのポリフェノール類などがゆっくりと酒にしみ出し、無色透明から琥珀色に変え、まろやかな味を作り出します。

ホワイトオークの道管内には、チロースという物質が見られます。このチロースが生じると道管が詰まり、木材中の液体の通導が妨げられることになります。洋酒は樽の中で長期間熟成されるため、原酒の成分が樽の壁面を通って蒸発し、年々少しずつ減少していきます。道管が詰まっていない（チロースが発達していない）材で作られた樽では、この蒸発量が多くなりウィスキーの歩留まりが悪くなります。チロースが発達したホワイトオークで作られた樽では、蒸発量が適度な量に抑えられ、熟成に適した環境を生み出すことができます。

このように、洋酒の樽にオークが使用されているのは、液体が漏れにくい構造であること、香り成分やポリフェノール類などが酒づくりに重要な役割を果たしているためといえるでしょう。

2 広葉樹ではない樹木とは？

次の樹種のうち、広葉樹ではないものはどれでしょうか？

① ヤマグルマ　　③ イチョウ

② カツラ　　　　④ ツ　ゲ

イチョウは扇型の広い葉を持ち、秋になると黄色く色づいて落葉するため、広葉樹と思い込んでいる方が多いと思います。しかし、イチョウはイチョウ目イチョウ科の「裸子植物」で、組織分類学的には厳密に言うと広葉樹にも針葉樹にも属していません。葉は広葉樹のように広いのですが、原始的な平行脈を持っていたり、針葉樹で特徴的な仮道管を持っていたりなど、広葉樹にない特徴を持っています。

イチョウの顕微鏡写真（下）をみると、スギ等の針葉樹材に見られるようなほぼ同径の仮道管が並ぶ配列とは異なり、仮道管の大きさが不揃いであり放射方向の配列も乱れてい

イチョウの葉

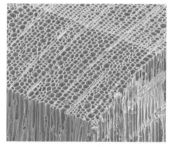

イチョウの顕微鏡写真
（雉子谷佳男氏提供）

ることがわかります。また、年輪界では仮道管が扁平なところが晩材となりますが、その幅は異常に狭く、一般的な針葉樹に比べて晩材と早材の区切りが見分けにくくなっています。

ご存じのように、イチョウの実は、銀杏（ギンナン）として食用にされます。また、材は緻密であるため、まな板に適しています。

なお、①ヤマグルマは広葉樹であるにもかかわらず、本来広葉樹に存在するはずの道管をもたず、針葉樹の特徴とされる仮道管だけで構成されていて、樹木の分類や木材組織の点からは奇妙な木とされています。②カツラは落葉広葉樹で、④ツゲは常緑広葉樹です。

3 針葉樹材の特徴

広葉樹材と比較した時の針葉樹材の特徴として最も適切なのはどれでしょうか？

①木目が真っ直ぐ通っているので、建築用材として利用される木が多い

②硬くて強度があり、複雑な木目の模様を活かして、家具用材として利用される木が多い

③密度が0.1g/cm³程度の極めて軽い木がある

④密度が1.0g/cm³以上の水に沈む重い木がある

針葉樹は、その名の通り葉が針のように細いので、少しでも多くの太陽光を浴びようと真っ直ぐに伸びることに特徴があります。反面、広葉樹は広い葉を広げて空間を独占するため、必ずしも幹や枝が通直に伸びることはありません。建築用材では、利用効率や強度の観点から、木目が真っ直ぐに通った太い材が好まれるため、欧米や日本の一般的な建築用材には針葉樹材が多く利用されます。もちろん、針葉樹が存在しない熱帯地域では広葉樹が建築用材として利用されます。

針葉樹の気乾密度はおよそ0.3から0.6g/cm³なので、家具用途には古来から硬質な広葉樹が広く用いられてきました。反面、広葉樹は硬くて強度がある、と断定することはできません。なぜならば、広葉樹は細胞構成も針葉樹に比較して複雑なことから材質もバリエーションに富んでおり、気乾密度は0.1から1.3g/cm³の範囲にあるためです。家具用材として好んで用いられる広葉樹には、ケヤキ、ナラ、クリ、カツラ、チーク、メープル、キリなどがあります。ちなみに、針葉樹は英語でsoftwood、広葉樹は英語でhardwoodと言われています。

ちなみに、広葉樹であるバルサが世界で最も密度の低い用材として有名です。模型用材や建設資材として広く用いられています。また、広葉樹であるリグナムバイタが密度1.2g/cm³を超えて世界で一番重い用材として知られています。

4 樹木の生きている細胞

図は、樹木の幹断面を示しています。生きている細胞が存在している部分の組みあわせとして適切なものはどれでしょうか？

① ア（髄）
② イ（心材）
③ ウ（辺材）とエ（樹皮）
④ ア、イ、ウ、エのすべて

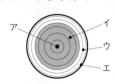

樹幹は、中心から、髄、木部（心材、辺材）、形成層、樹皮（内樹皮、外樹皮）で構成されており、生きている細胞が存在するのは、形成層をはさんで移行材部を含む辺材から内樹皮までの部分です。幹が横に太る（肥大成長）過程で形成層によってその内側に木部の細胞が、その外側に師部（内樹皮）の細胞が新しくつくられます。

　形成層の内側に年々蓄積される木部は、樹体の支持、水の通導、養分の貯蔵の3つの機能を担っています。樹体の支持機能を担う針葉樹の晩材部分の仮道管と広葉樹の木部繊維、水の通導機能を担う針葉樹の早材部分の仮道管と広葉樹の道管は、すべて生活機能を失った死んだ細胞です。生きている細胞は、養分の貯蔵機能を担う柔細胞と呼ばれる細胞だけです。ただし、この柔細胞も、心材化する過程ですべて死んでしまいます。スギの横断面において、伐採直後に心材の外周に白い帯のように確認できる移行材部は、まさに柔細胞が心材成分を作って周辺に放出する最後の働きをして死んでいく境目なのです。

　一方、形成層の外側にある樹皮は、生きている細胞の集まりで、主に、光合成によってつくりだされた物質を樹木全体に運ぶ働きをしている内樹皮と、死んだ細胞の集まりで、コルク組織など幹の外周を覆い、保護の働きをしている外樹皮に分けられます。なお、師部（内樹皮）は、やがて外樹皮の組織に移行して剥がれ落ちるので、木部のように大量には蓄積されません。

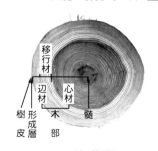

スギの横断面

5 木材の「ふし」

節は、枝の付け根が幹の肥大生長に伴って幹中に取り込まれたものです。節に関する説明として妥当なものはどれでしょうか？

① 暗褐色で密度は高いが、樹脂分は少ない

② 枝が生きている間に取り込まれた生節は、幹の組織とつながりをもちやすい

③ まさ目木取りの場合、節は円形もしくはだ円形になりやすい

④ 用材に節が存在すると強度が著しく増大する

樹木から木材を利用するときの欠点の代表的なものには、「ふし（節）」があります。ふしは幹が太くなる過程の中で、枝の元の部分が幹の中に包み込まれてしまった部分のことです。そのため、板目木取りをした場合には、板目板に円形もしくはだ円形のふしが現れやすくなります。

枝の元の部分が生きている間に、組織とつながりをもちやすい場合には、その部分を生節（いきぶし）と言います。そうでない場合には、枝が枯れて死んでしまい、幹の中に取り込まれる場合があります。枝と幹が連絡しておらず、単に異物が幹の中に埋め込まれた状態の節のことを死節（しにぶし）と呼びます。

節の部分の組織は、一般に暗褐色で密度が高く、樹脂分が多いのが特徴です。また、節やその周辺の部分では組織の配列の仕方が幹の部分とは異なり、節は硬いので、木材加工する場合にも大変になります。その他にも節があると「見かけが悪い」や材料の取り方によっては節が縦断される場合には「強度が落ちる」等の理由から、木材の中に節が存在するのは敬遠されがちです。

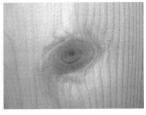

生節の例（スギ）

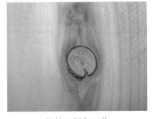

死節の例（スギ）

6 木材の「あて」

（正答率31％）

あて材の記述として妥当なものはどれでしょうか？
- ① 針葉樹の圧縮あて材は、傾斜した幹の下側にできる
- ② 針葉樹の引張あて材は、傾斜した幹の上側にできる
- ③ 広葉樹の引張あて材は、傾斜した幹の下側にできる
- ④ 広葉樹の圧縮あて材は、傾斜した幹の下側にできる

　　　樹木から木材を利用するときの欠点の一つに「あて」があります。山の斜面に生育している樹木や、平地でも傾斜している樹木では、幹が太くなる過程の中で、一部に偏った成長の仕方をします。このような偏った成長部分のことを「あて材」と呼びます。あて材を含んでいる木材は、狂いが大きくて、強度が低い等の利用上における欠点となります。また、枝が鉛直方向から傾いて肥大成長するときにも、同様にあて材が形成されます。

　あて材は、樹種によって形成の仕方が異なり、針葉樹と広葉樹では全く逆の形成の仕方をします。例えば、針葉樹のあて材であれば、傾斜した幹の下側部分に形成されます。この部分は、幹に力が加わったときに圧縮する力を受けているので「圧縮あて材」と呼ばれています。

　一方、広葉樹の場合には、針葉樹と反対に、傾斜した幹の上側部分に形成されます。この部分は、幹に力が加わったときに引張りの力が作用しているので、「引張あて材」と呼ばれています。その他にも、あて材は樹種によって形成される部分が異なるだけでなく、内部に含まれるリグニンの量等も異なります。一般的に圧縮あて材では、リグニンの量を多く含むため、年輪は黒褐色になるのに対して、引張あて材ではリグニンの量は少なく白っぽい材料になります。

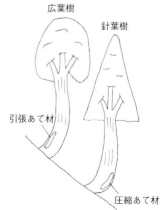

広葉樹

針葉樹

引張あて材

圧縮あて材

7 木材が腐りやすい条件は？

木材が最も腐りやすい状態はどれでしょうか？
①水の中に沈める　　③庭の石の上に置く
②家の中に置く　　　④庭の土の上に置く

木材が腐るには、木材の主成分であるセルロース、ヘミセルロース、リグニンを分解する木材腐朽菌が生育できる環境が必要です。

木材腐朽菌の生育に適した環境とは、栄養源となるセルロースなどの他に、

牧柵の腐朽

酸素、適度な温度、適度な水分が揃った環境です。特に水分は、木材中のすき間に水が存在する状態（繊維飽和点以上の含水率：約30％以上）であることが必要です。ただし、木材を水中に沈めた場合は、やがて木材中のすき間がすべて水で満たされ、酸素が不足することから、木材腐朽菌が繁殖できません。したがって、庭の土の上に置く条件は、酸素の供給と共に土から十分な水分が供給され最も腐りやすくなります。このような状態は、身近なところでは、街路樹の支柱などで見ることが出来ます。写真は、牧場の柵です。地面に接している木杭の根本部分で最も腐朽が早く、木杭間に取りつけられた横木でも、表面に割れが生じると、その割れから雨水等が浸み込み、腐朽が促進されます。

木材が腐ることは、光合成によって形成された物質が分解されて、自然界で循環することですから、良いことでもあります。しかし、木造住宅の柱など、すぐに腐っては困る場合もあります。木材を長く使うために、木材腐朽菌の生育に必要な水分が供給されないように、木材を乾燥した状態（含水率20％以下）に保つことが最も重要です。また、使用環境に応じて防腐剤で処理することも必要でしょう。

8 木材を腐らせる菌の特徴

木材を腐らせる褐色腐朽菌の特徴として妥当なものはどれでしょうか？

① 褐色腐朽菌はリグニンを完全に分解する

② 褐色腐朽菌は自然界では広葉樹材を腐らせるものが多い

③ 建物を腐らせるオオウズラタケは白色腐朽菌のなかまである

④ シイタケやエノキタケは白色腐朽菌のなかまである

木材を腐らせるような菌は、菌糸と呼ばれる直径10マイクロメートル以下の円筒状の細胞が一列につながったものです。木を腐らせる菌が含まれるのは、子のう菌門、担子菌門、不完全菌類です。

キノコは菌類の俗称で、その他のものはカビといわれています。キノコやカビによる木材の腐朽には、以下のような特徴があります。

褐色腐朽菌には建物を腐らせるオオウズラタケのように自然界では針葉樹材を腐らせるものが多く、セルロースやヘミセルロースをほぼ同じ割合で分解します。一方、リグニンはほとんど分解されず、この菌による腐朽が進んだ木材はリグニンの色である褐色に変色することからこの名があります。また、乾燥によって収縮すると木材の縦横にき裂が発生します。

白色腐朽菌は、セルロース、ヘミセルロース、リグニンをほぼ同程度に分解します。腐朽した木材は、色あせて白っぽくなり、褐色腐朽した木材のような変形・収縮はありませんが、ほぐれやすくなります。シイタケやエノキタケなど食用キノコの多くは白色腐朽菌です。

軟腐朽菌は、褐色腐朽菌と同じように、セルロースとヘミセルロースをよく分解しますが、リグニンも多少分解します。軟腐朽菌は、多湿な条件で木材の表面付近に軟化現象を起こすのが特徴です。この菌は木材の細胞を構成しているセルロース繊維に沿って伸びていき、中に空洞をつくるのが特徴です。

褐色腐朽した木材

9 シロアリに強い木材とは？

次のうち、耐蟻性に最も優れている木材はどれでしょうか？

① ヒ　バ　　　③ ブ　ナ
② クロマツ　　④ エゾマツ

耐蟻性の蟻とはシロアリのことです。日本に生息するシロアリは、約20種と言われています。生殖、労働（職アリ）、防御（兵アリ）など役割分担をしながら集団（コロニー）で生活しています。多くのシロアリは森林中の倒木や枯枝、落葉などを餌としていますが、中には住

ヤマトシロアリ（吉村剛氏提供）

宅部材である木材を食して大きな被害をもたらすことがあります。また木材以外にもプラスチック、合成ゴム、発砲スチロール、鉛などの柔らかな金属、レンガやコンクリートまで被害を与えることもあります。日本国内に生息する代表的な種であるヤマトシロアリは北海道北部を除く日本全土に、イエシロアリは、千葉県以西の海岸線に沿った温暖な地域と南西諸島・小笠原諸島に生息しています。つまりは、日本国内では常にシロアリの被害が及ぶ可能性があるといえるでしょう。それでは、その被害を食い止める方法はあるのでしょうか。

シロアリによる住宅部材の被害を食い止める基本方法は、地中から住宅床下へのシロアリの侵入を防ぐことです。床下土壌への薬剤散布や木材への薬剤処理による方法や化学物質の使用を減らした方法、化学物質を用いない方法などもあります。

木材の耐蟻性について、通常は辺材よりも耐蟻性の高い心材で評価されます。一般には密度の大きな樹種の耐蟻性は高いのですが、たとえば、ヒバに含まれる d-シトロネロールやヒノキに含まれる α-カジノールなどの木材に含まれる化学成分はシロアリに効果があることが分かってきています。木材の香り成分は人を快適にさせる効果がある一方、シロアリにとっては命を危うくすることが面白いところです。

10 木材からつくられる文房具

木材からつくられている製品はどれでしょうか？
 ①チョーク　　　　　　③セロハンテープ
 ②プラスチック字消し　④クレヨン

　チョークは、顔料（水にも油にも溶けない色をつけるための物質）や歯みがきなどにも使われる炭酸カルシウムを、石膏やワックスで固めたものです。

　クレヨンは、チョークと同じように、顔料をワックスで固めたものですが、より軟らかくするために油なども入っています。

　プラスチック字消しは、ビニールホースや水道管に使われるものと同じポリ塩化ビニルというプラスチックが主に使われます。ポリ塩化ビニルはそのままでは固いので、軟らかくするためにフタル酸系可塑剤が添加されています。プラスチック字消しをプラスチック製の定規や下敷きと重ねておくとくっついてしまうのは、可塑剤が染み出てきて定規や下敷きを溶かしてしまうことによるものです。

　セロハンは木材パルプから製造されています。アルカリ化した木材パルプをビスコース溶液にし、これを薄く伸ばして膜状に成形し、硫酸で中和して水で洗ったものがセロハンです。セロハンのように、天然セルロースをいったん溶剤に溶かしてから、成形されて得られるセルロースのことを再生セルロースといいます。天然のセルロースはその長さが限られますが、再生（成形）によってセロハンのようなフィルム化や無限長に近い繊維化、細い穴のあいたストローのような管状（中空糸化）の成形が可能になります。

　セロハンには、透明性、非帯電性、耐熱性、易カット性、ガスバリヤ性、ヒネリ適性、包装適性があります。これらの特長を生かし、主に食品包材、医薬品包材のほか、セロハンテープとして使用されています。

11 木炭の使いみち

（正答率92％）

木炭の住宅内での利用方法として最も妥当なものはどれでしょうか？

①防　火　　③調　湿
②防　音　　④調　温

木炭は、空気を遮断して木材を蒸し焼きにしたものですが、人が健やかで快適に生活するのに必要な様々な性質を秘めていることが分かり、燃料以外での木炭利用の気運が高まっています。

さまざまな用途の木炭

木炭は、セルロース、リグニンといった木材の主成分の熱分解によって細孔が多数存在し、木炭1gの細孔内部の表面積を合計すると200〜400㎡で、テニスコートの広さに相当します。この多数の細孔が、木炭の優秀な調湿機能の要因とされており、木炭は、重量の10〜20％の水分を吸着することができ、周囲の湿度環境が変化することで水分の吸湿・放湿を繰り返します。近年では、木炭を主材料とした調湿材を床下に用いて、カビや腐朽菌、シロアリによる住宅の被害を防ぐ試みが行われています。

また、木炭の多数の細孔は、調湿だけでなく水の浄化や空気の浄化にも効果を発揮しています。汚染された水中では、有機リン化合物などの化学物質の吸着や細孔に生息する微生物による有機物の分解などにより水の浄化が行われ、空気中では、大気汚染の原因であるNOxやCOxの吸着、住宅内では、シックハウス症候群の原因物質として有名なホルムアルデヒドの吸着についても効果があります。

このほかにも電磁波の遮蔽効果など、私たちの身の回りで木炭が活躍できる場所はたくさん存在します。バーベキューの時にしか普段使っていないと思っている木炭も、いろいろと形を変えて皆さんの生活の中に溶け込み、その機能を発揮しているのかもしれません。

12 木材を構成する主要三成分

木材を構成している主要三成分のうち、最も割合が多いものは何でしょうか？

①セルロース　　　　③リグニン
②ヘミセルロース　　④いずれもほぼ同じ割合

木材の主要成分はセルロース、ヘミセルロース、リグニンであり、いずれも細胞壁の骨格を成します。主要な国産材では、これらの主要三成分が全体の95％程度を占めます。セルロースは木材の約50％を占める直鎖状の高分子です。セルロースの分子鎖は集合してミクロフィブリルと呼ばれる束状の構造となり、細胞壁を構成しています。セルロースは紙、繊維、フィルムなど多岐に使用されています。

ヘミセルロースは木材の20〜30％を占める多糖類です。ヘミセルロースは通常何種類かの高分子の混合物であり、針葉樹ではガラクトグルコマンナン、針葉樹キシランが細胞壁中の二次壁に多く分布しています。広葉樹では広葉樹キシランや若干のグルコマンナンが二次壁に分布しています。

リグニンは芳香族のフェニルプロパン型構造単位が複雑に結合した高分子物質で、木材の20〜30％を占めています。シダ植物、裸子植物、被子植物などの維管束をもった高等植物に広く分布しています。樹木細胞に適度な耐水性を与え、水の通導を容易にすると共に、腐朽や食害への抵抗性をもたらします。

分子のスケールで観ると、高結晶性で強度が強いセルロースを、ヘミセルロースとリグニンが接着剤のように固めているといえます。さらに細胞のスケールでは、セルロース分子が束になって形成されたセルロースミクロフィブリルの向きが交互積層された巧妙な構造をとり、大きな樹体でも構造を支持できるようになります。ちなみに、木材を構成する元素は、セルロース、ヘミセルロース、リグニンを構成する炭素（C）50％、酸素（O）43％、水素（H）6％の3種でそのほとんど（99％）を占めています。

13 セルロースからつくられる製品

セルロース由来の部材が多く使われているものは次のうちどれでしょうか？

① 液晶ディスプレイ　　　③ 窓ガラス
② 有機ELディスプレイ　　④ シリコンウエハー

　　　地球上に最も多く存在する天然由来の有機化合物であるセルロースは結晶性高分子であり、天然ではセルロースミクロフィブリルと呼ばれる微小な繊維構造を形成しています。これを溶解させて繊維構造をいったん破壊して分子レベルで分散した状態とした後、新たに分子集合体を再構築させて再生繊維やフィルムという形態で機能性材料のベース素材として工業的に用いられます。そのために、セルロースのグルコース残基内の3つの水酸基を置換基で直接化学修飾する（セルロースの誘導体化）ことがあります。その代表的なセルロースの化学反応にエステル化があり、工業的に生産されている有機酸エステルのうち、酢酸セルロース（セルロースアセテート）が最も生産量が多いです。

　なかでも、セルロース分子骨格を構成するグルコース環状の3つの水酸基を、無水酢酸と反応させることにより全てアセチル化したものをセルローストリアセテートといいます。アセテートフィルムの原料にはこのセルローストリアセテートが用いられています。その透明性、平面性、適度な強度、カールしない、寸法安定性、化学的に安定で写真性に無影響、難燃性から、感光材料用支持体として写真フィルムに用いられてきました。最近では、トリアセテートの分子構造上の特性（偏光に対する光学的不活性、光学的等方性）を活かした、液晶ディスプレイの偏光板の保護フィルム・光学補正フィルムとして需要が増大しています。

　このほかにも酢酸セルロースは、眼鏡のフレーム、たばこフィルター、人工腎臓透析膜やろ過膜、高級衣料用途の繊維材料などとして用いられています。このように、セルロースは身の回りの衣類から化学品に至るまで、私たちの生活に役立てられています。

木材の性質を学ぼう

14 桶と樽の木取り

木製の桶（おけ）と樽（たる）に使用される木材は次のうちどれでしょうか？

①桶は板目板を、樽はまさ目板を使う

②桶はまさ目板を、樽は板目板を使う

③どちらも板目板を使う

④どちらもまさ目板を使う

桶と樽はどちらも液体を入れる容器として使用されますが、桶には蓋（フタ）がなく、一過性の容器（必要なときに水を入れ、不要になれば排水する）であるのに対し、樽は貯蔵あるいは運搬用の容器でそのために固定した蓋がつきます。この用途の違いから、桶の場合、乾湿の繰り返しによる変形を少なくするために、乾湿による寸法変化のより少ないまさ目板を使用します。樽の場合は、液体を長時間入れておくときに漏れにくくするために、液体を入れたときにより膨潤し板同士の隙間が閉まりやすい板目板を使用します。

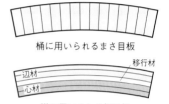

桶に用いられるまさ目板

樽に用いられる板目板

桶、樽用板材（断面）

なお、酒樽に使われるスギ材は、内側が心材で外側が辺材の、甲付きとよばれるものが最適といわれます。これは、においのもっとも強い部分が酒に触れて香り付けになり、見た目に美しい白い部分が樽の外側になって見栄えをよくするためです。

また、心材と辺材の間には、辺材が徐々に心材化していく、移行材があります。スギの場合、生材状態では移行材が白っぽく見える（辺材より含水率が極端に低いため）ことから「白線帯」と呼ばれることがあります。この部分には水分を通しにくいという特性があり、このため、スギは乾燥しにくく人工乾燥が難しいとされています。しかしながら、日本酒を仕込む場合には、この白線帯があることによって、中のお酒が漏れにくくなっているとも言われています。

15 「たががゆるむ」とは？

「たががゆるむ」という現象の説明として妥当なものはどれで
しょうか？

①木材が荷重を受けながら収縮した結果、桶や樽などの外側を
締め固める輪が緩むこと

②木ねじを金づちで打ち込むことで、木材が破壊され接合する
力が弱くなってしまうこと

③木材の中にある水分が、乾燥などによって減少することで、
木材が変形してしまい、接合した場所に隙間ができること

④接着剤を厚く塗りすぎてしまったために、接着する力が弱く
なってしまうこと

竹などを裂いて編んだ輪（たが）は、おけやたる等の周囲をかた
く締めるために、古くから利用されています。この「たが」が
緩むとおけやたる等の形がバラバラになってしまうことから、感覚が
鈍ったり、気持ちの規律が緩んだりする比喩的な表現として、よく使
用されています。それでは、このような「たががゆるむ」とはどのよ
うな現象なのでしょうか。

　木材に水分を含んだ場合には膨張し、逆に木材を乾燥した場合には
収縮することはよく知られています。そのため、木材は吸湿したり、
乾燥したりすると変形してしまい、時々利用に困る時があります。さ
らに、木材に荷重が加わった状態で乾燥した場合には、圧縮の力が加
わることによって、大きく縮んでしまいます。このような木材が荷重
を受けた状態で、異常な収縮を起こすことを「ドライングセット」と
呼んでいます。

　したがって、「たが」によって締められているおけやたるの木は、毎
日使用している中で乾燥や吸湿を繰り返します。吸湿時には、おけや
たるの木は荷重方向の膨張が抑制されるため、寸法が次第に小さく
なっていく加圧収縮が起こります。その結果、最終的に「たが」をと
めることができず、はずれてしまいます。このことを「たががゆるむ」
と表現しています。

16 乾燥による木材の反り

板目板の木口面は乾燥によってどのように変形するでしょうか？
- ①木表側が凹に反る
- ②木裏側が凹に反る
- ③均等に薄くなる
- ④波打つ

木材は、乾燥によって含水率が低下しますが、これに伴って収縮します。収縮率は方向によって異なり、繊維方向（L方向）：半径方向（R方向）：接線方向（T方向）で、概ね1：10：20とされています。例えば、含水率が1％減少するとL方向で元の寸法の0.01〜0.02％、R方向で0.1〜0.2％、T方向で0.2〜0.4％収縮します。

この収縮率の違いが、木材に反りを生じます。板目板（①）を木口面から見て3分割し年輪方向を単純化したモデル（②）で木口面の変形を

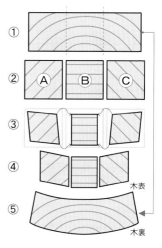

乾燥によって板目板が反る理由

考えてみましょう。乾燥によって接線方向は半径方向の2倍収縮しますので、AおよびC部はダイヤモンド型に、B部は縦長の長方形になります（③）。分割した箇所を元に戻すと（④）木表側が凹に反った形となります（⑤）。一方、まさ目板では、このような反りはほとんど生じません。

板目板では木表側の方が美しい木目となります。しかし、屋外に使用するデッキの手すり部分など、木表を上側に使うと乾燥によってカップのようになるため、水はけが悪くなり、木材の劣化の原因になる場合があるので注意が必要です。

17 木材の反りを修正する方法

高含水率の板材を大気中に放置しておくと、含水率の減少に伴ってそりやねじれなどの変形が生じる場合があります。これらの板の変形を修正する方法として、適しているものはどれでしょうか？

①木裏をぬらし、木表を加熱する

②木表をぬらし、木裏を冷却する

③木表を伏せてしばらく放置する

④恒温器に入れ、全乾状態にする

木材の板を乾かすと板がそったりねじれたりする場合があります。このような板が変形する理由は、木材に含まれる水分が影響しています。木材は空孔のまわりを細胞壁が取り囲む多孔質な構造をしており、その細胞壁の中に水分を含むことができます。そのため、水分を含んでいる木材を乾燥させると、細胞壁が縮んでしまい、逆に、よく乾燥した木材は、細胞壁に水分を含むことで、膨張します。

板材をよく乾燥させた場合には、木材中の細胞が互いに連なっているため、個々の細胞における細胞壁の厚さや大きさの違いによって、木材の縮むサイズが異なります。その縮む比率は、繊維方向と放射方向、接線方向に対して、概ね1：10：20です。このような方向の違いによって、板材の縮む割合が異なるため、板が曲がってしまいます。

したがって、曲がってしまった板の変形を修正するためには、木裏を空気によく触れるようにして乾かし、逆に、木表を下向きに伏せて、木表側の縮み過ぎた細胞壁を元に戻すように、空気に触れにくい状態に放置します。あるいは、くぼんでいる材面（木表）をぬらして、縮んだ細胞壁を膨張させ、逆に、膨張によって反り返った材面（木裏）を加熱します。

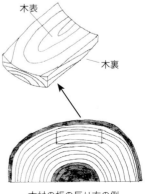

木材の板の反り方の例

18 曲げ木のつくりかた

いすの背もたれや傘の柄には、曲げられた木が使われる場合があります。このような木はどのような方法でつくられるでしょうか？

①木に熱を加えて曲げる

②木を液体窒素で凍らせて曲げる

③木を水に沈めて水中で曲げる

④木を乾燥させて曲げる

軟化した木材を型枠に沿って曲げ、その形状を保って乾燥固定した湾曲部材を「曲げ木」、その加工を「曲げ木加工」と呼びます。曲げ木は、古くから、デザイン性に富んだ家具、工芸品、造作材、スポーツ用品、玩具などの木製湾曲部材として用いられています。曲げ木は、切削加工による湾曲部材に比べ、原料の歩留まりが高い、目切れがないので強度性能、意匠性、塗装性に優れているなどの特徴があります。

木材は、水分と熱の作用で軟化し、破壊に至るまでの変形量が増大します。加熱方法として、直火法、煮沸法、高周波加熱法などが

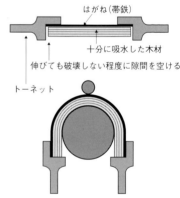

トーネット法による曲げ木

実用化されています。軟化した木材は引張りに比べ、圧縮による破壊ひずみが増加します。加工材の凸側を伸ばさず、凹側を縮めることによって曲げるための工夫として、加工材の凸側に薄い鋼の帯鉄を沿わせて曲げます。このための道具をトーネット、この曲げ木法をトーネット法と呼びます。曲げた状態で乾燥すると、変形は一時的に固定（ドライングセット）されます。

木力検定

19 木材は水に沈む？木材の密度いろいろ

次のうち、密度の高い順に並べられたものはどれでしょうか？

① アカガシ＞ブナ＞アカマツ＞スギ＞キリ

② アカマツ＞スギ＞キリ＞アカガシ＞ブナ

③ スギ＞アカガシ＞ブナ＞アカマツ＞キリ

④ アカガシ＞アカマツ＞スギ＞キリ＞ブナ

顕微鏡で木材の断面をのぞくと、四角形や六角形をした細胞壁とたくさんの空気の隙間（空隙）の存在が確認できます。実は、木材の密度は、この細胞壁と空隙の割合で決まっています。細胞壁は、セルロース（密度1.55～1.59 g/cm³）、ヘミセルロース（1.50 g/cm³）、リグニン（1.30～1.40 g/cm³）が主成分です。その構成割合は樹種によってほとんど差がなく、空隙を除いた密度（真密度）は、樹種に関係なく1.50 g/cm³といわれ、水の密度（1.00 g/cm³）よりも高いのです。つまり、木材は本来水に沈む性質があるのですが、含まれる空気のためにほとんどの木材は水に浮くのです。

木材の密度は、強さや耐久性、加工や乾燥の特性、触感などいろいろな性質に関わります。一般的に、英語でソフトウッドと呼ばれる針葉樹は密度0.3～0.6 g/cm³の範囲にあるのに対し、ハードウッドと呼ばれる広葉樹は世界一密度の高いリグナムバイタ（密度1.30 g/cm³）からバルサ（密度0.16 g/cm³）まで非常に範囲が広く、多様な種類があります。リグナムバイタなどは、細胞壁が厚く、空隙の割合が低いため、手加工が非常に困難なほど硬い木材の一つです。

問題の4種類の樹種ですが、それぞれの密度は高い順にアカガシ：0.84 g/cm³、ブナ：0.65 g/cm³、アカマツ：0.52 g/cm³、スギ：0.38 g/cm³、キリ：0.30 g/cm³とされています。桐箪笥に使われるキリがとても軽いこと、スギやアカマツなど、建築材料には「軽い割に強度が高い」という性質が要求されること、家具などに用いられるブナやアカガシが硬くて重い材料であることに気づくことがこの問題では重要です。密度は材の用途を決める重要な鍵の一つなのです。

20 木材の熱伝導率とは?

木材の熱伝導率に関する記述として妥当なものはどれでしょうか?

　①木材の熱伝導率はアルミニウムなどの金属に比べて大きい

　②比重の大きい木材の方が熱伝導率は小さい

　③繊維方向の熱伝導率は接線方向や半径方向と比べて大きい

　④含水率が高い木材ほど熱伝導率が小さい

　　温度差により熱エネルギーが移動する現象を熱移動といい、特に、物体内に温度差があるとき、高温側から低温側に熱が流れる現象を熱伝導といいます。温度が物体の両側で異なり、物体を流れる熱量が一定となっているとき、物体の単位長さ、単位面積を単位時間に流れる熱量は、物体の両側の温度差に比例しますが、その比例定数のことを熱伝導率といいます。

　木材は多孔質材料であり、熱伝導率の低い空気の占める割合が大きくなります。したがって木材の熱伝導率は金属より小さく、常温のスギの熱伝導率は0.069(W/(m・K))であるのに対し、アルミニウム合金は193(W/(m・K))を示します。木材の実質である細胞壁の比熱は樹種によらずほぼ一定とされるので、木材実質の多い、すなわち比重の大きい木材の方が熱伝導は大きくなります。木材の繊維方向の熱伝導率は、放射方向や接線方向のそれの2～2.5倍であり、木口面を触ると、板目面やまさ目面と比べると冷たく感じます。また、水の熱伝導率(0.561(W/(m・K))ただし0℃の値)は木材に比べて大きいため含水率が高いほど熱伝導率は大きくなります。

　やかんやなべの取っ手に木材が使用されているのは、木材が熱を伝えにくい材料であるためといえます。

21 木材は軽い割に強い材料

図に示す角材は、同じ長さで同じ重さの木材（比重0.40）と鋼材（比重7.86）です。矢印方向に引っ張ったとき、どちらが強いでしょうか？

① 鋼材は木材の4倍強い
② 鋼材は木材の2倍強い
③ 木材は鋼材の2倍強い
④ 木材は鋼材の4倍強い

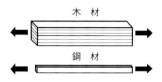

異なる種類の材料の強度を比較する場合に、同じ重さで表す比強度（強度を比重で除した値）と呼ばれる指標があります。比強度は、値が大きいほど軽い割に強い材料といえます。

木材（比重0.40）と鋼材（比重7.86）の引張強度を比較すると、同じ太さの角材では、鋼材は木材の約4倍の強度があります。ところが、比強度で比較すると、木材の比重が鋼材の約1/20であることから、木材の引張強度は、鋼材の約4倍と逆になります。圧縮強度は鋼材の約2倍、曲げ強度では鋼材の約15倍にもなります。このような木材の強度特性は、丸太から単純に角材を製材して柱や梁材として使用しても、軽くて強い材料であることから、地震による揺れに対しても強い家をつくるのに有利です。また、大きな空間を必要とする大規模建築物において、下部構造を鉄筋コンクリートで支え、上部の大屋根に軽くて強い木材を用いた建物も造られています。

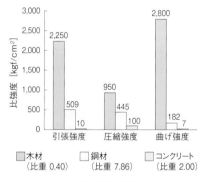

建築材料の比強度
出典：小原二郎ら編、木と日本の住まい（1984）

22 木材の曲げ強度と繊維走向

樹種や寸法が同じで木目の方向だけが異なる角材を用意して、図のように上から曲げる力を加えました。最も壊れにくく強いのはどれでしょうか？

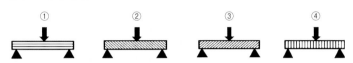

　　木材の強度に影響を与える主な因子として、繊維走向、密度、含水率などがあげられます。特に、木材は中空の細長い繊維が一定方向に配列しており、その方向と力が加わる方向の関係が強度に大きく影響を及ぼします。

　繊維方向と応力の方向のなす角度（繊維走向度）と各種強度との関係を図に示します。曲げ強度は、木材の長軸と繊維方向が平行でかつ力が直角に加わるとき（選択肢①）に最大で、長軸に対して繊維方向が直角でかつ力が直角に加わるとき（選択肢④）に最も小さくなります。また、木材の長軸に対して繊維傾斜がある（目切れが生じる）場合には、その傾斜が大きくなるに連れて曲げ強度は急激に低下します。繊維走向度が45°にもなると（選択肢②、③）、平行な場合の約20％の曲げ強度しか得られません。曲げの力が加わる梁材などの下側（引張りの力が加わる部分）に目切れを生じさせる節などがあると、強度が大きく低下するので注意が必要です。

　なお、各種強度に及ぼす繊維走向の影響は、衝撃曲げ吸収エネルギーで最も大きく、ついで、引張強度、曲げ強度、圧縮強度となります。

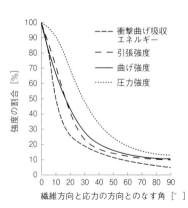

中戸莞二編、新編木材工学、p.223（1985）より引用

23 木材の硬さ

次の木材（板目面）のうち、最も硬いものはどれでしょうか？

　①スギ　　③シラカシ
　②ヒノキ　④ケヤキ

　　木材は、元々は樹木として何十年も生息してきた生物で、その種類によって組織構造が異なることにより、木材となった際の硬さも様々です。選択肢の4種類の木材を見てみると、スギの気乾密度（木材を部屋に置いたときの密度）は、0.30〜0.45cm³くらいです。ヒノキは0.34〜0.54cm³です。シラカシは0.74〜1.02cm³、ケヤキは0.47〜0.84cm³です。密度が高いということは、同じ大きさ（体積）でより重い（木材実質が多い）ということを表しますから、密度が高い方が硬いのではないかと想像がつくのではないでしょうか。では、硬さを見てみましょう。

　木材の硬さは、日本では、日本産業規格（JIS）にあるブリネル硬さという指標を用いることが一般的です。ブリネル硬さとは、木材に鋼球を押し付けそのときの荷重を接触面積で割った値です。表にある木材の硬さ（ブリネル硬さ）を見てみると、スギは8.0MPa、ヒノキは11.0MPa、シラカシは34.5MPa、ケヤキは19.5MPaで、やはり、密度が高い方が硬いようです。さらに表を見ると、板目面よりまさ目面、木口面の方が硬いことがわかります。この異方性（木材の向きによって物理性能が異なる性質）は、木材の特徴の1つです。

主要木材の硬さ（ブリネル硬さ：単位MPa）

	樹　種	木口面	まさ目面	板目面
針葉樹	スギ	30	10.0	8.0
	ヒノキ	35	11.0	11.0
	カラマツ	45	14.5	13.5
広葉樹	キリ	15	11.0	10.0
	ケヤキ	45	17.5	19.5
	シラカシ	65	29.5	34.5

出典：森林総合研究所監修、改訂4版木材工業ハンドブック（2004）

24 木製バットの特徴

木製バットにはメーカーのマークや製品名がバットの板目面に表示されます。その理由はどれでしょうか？

① メーカーのマークや製品名を手前にしてバットを構えて打つと、バットが折れにくいから

② メーカーのマークや製品名をボールに当てるようにバントすると、ボールが良く転がるから

③ バットの板目面にメーカーのマークや製品名を表示すると、バッターの身の安全を守れるから

④ バットの板目面にメーカーのマークや製品名を表示すると、印刷がはがれにくいから

野球のバットの板目面には、メーカーのマークや製品名を捺印されています。それは、バットを握ったときにマークが上か下になる

木製バット（ミズノ社製）

（バッターの側を向く）ようにすれば、まさ目面で球を打ちやすくなるからです。

木材の曲げに対する強さは、一般に比重（密度）が大きいほど強く、板目面に荷重をかけたときよりもまさ目面にかけたときの方が強くなります。野球のバットでボールを打つとき、バットに瞬間的に大きな曲げ荷重が与えられます。このときボールをまさ目面に当て、しかもバットの打芯でボールをとらえていれば、それだけバットは折れにくくなります。

ちなみに、一般的な野球のバットに利用されているアオダモはモクセイ科の広葉樹で、千島南部、北海道、本州、四国に分布しています。弾力性があり、かつてはテニスやバドミントンのラケット、スキー板などの運動具に使用されていました。アオダモの成長は遅く、バット用材として利用するには50年ほどかかるため、アオダモの育成と長期的な安定供給を目指して、一大供給地である北海道では、野球関係者によってアオダモを植え育てる活動が行われています。

木材の利用と
木質材料を学ぼう

25 日本の大工道具の歴史

（正答率36%）

日本で最も古くから使用されてきたとされる大工道具はどれで
しょうか？

①縦びきのこぎり　　③両刃のこぎり
②横びきのこぎり　　④二枚刃かんな

のこぎりには木
材の繊維を平行
に削る縦びきと、横に
切断する横びきの2つ
の用途があります。縦

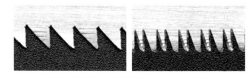

鋸刃の例（左：縦びき用、右：横びき用）

びきの刃はノミの刃の形を、横びきの刃は小刀の形をしています。横
びきのこぎりは、現存する木造建築物で最古のものである法隆寺の部
材ののこぎりの痕跡や、法隆寺献納宝物ののこぎりが横びきの刃形で
あることから、法隆寺の創建時（7世紀末）には存在していたと考えら
れています。一方、縦びきのこぎりは室町時代に現れたと考えられて
います。それまでの日本では、ヒノキやスギなどの良材に恵まれて
いたと考えられ、オノやクサビや割りノミを使って木を割り、それを
ちょうなややりがんなで仕上げていました。しかし、室町時代になる
と木材資源が乏しくなったためケヤキを寺社建築に用いる必要が生
じ、オガと呼ばれる製材用の縦びきのこぎりが登場するようになりま
した。また、同じ頃に台かんなが登場したと考えられ、製材の加工精
度が飛躍的に向上することになりました。

　のこぎりの形状は江戸時代のころまでは木の葉形でしたが、江戸時
代の末期あるいは明治の初めに現在のような直線形になったと考えら
れています。横びきと縦びきの両方の刃形が刻んである、今日では一
般的な両刃のこぎりは明治時代に登場しました。

　台かんなは室町時代以降長らく1枚刃でしたが、逆目を防ぐ裏金の
付いた二枚刃かんなが考案されたのは日露戦争の頃（明治37、38年
ころ）とされています。このころ軍艦を含む船舶需要が高まり、木製
甲板の切削加工時に裏金が使用されたといわれています。

木力検定

36

26 板材のかんながけ

板材の3面（木表面、木端面、木口面）を図に示す矢印方向にかんなで削るとき、最も大きな力が必要なものはどの面でしょうか？

① 木表面
② 木端面
③ 木口面
④ どの面も同じ

木材をかんながけする場合、刃物が木目をなでるように削ると、削り肌がきれいになります。このことを順目（ならいめ）といい、図のような板材の場合、木表面では末口から元口方向（すなわち①→の方向）、木裏面では反対に元口から末口方向、木端面では木表面と同様に末口から元口方向（すなわち②→

木材の木口削り

の方向）に削ることが順目削りとなります。その反対を逆目（さかめ）といい、逆目削りは切削音が高く、切削抵抗が大きく、木目が引き起こされてささくれ立ち、仕上げ面は良好ではありません。

　木表面や木端面の切削では、しばしば刃先の前方に繊維方向に沿った割れが発生し、母材に進入してくぼみを掘り起こす逆目ぼれが発生します。二枚刃かんなと呼ばれるかんなでは、かんな刃に裏金を合わせることで、刃口より進入した鋸屑が折り曲がりやすくなり、刃先前方に割れが進行することを防いでいます。

　ところで、木口削り（③→の方向）の場合、切削面の最も大きい欠陥となる逆目ぼれの発生はありません。従って、裏金を作用させない一枚刃かんなに近い状態で削ります。木表面や木端面と比べて切削抵抗はやや大きいので、斜め削りを行ったり、木口を水で濡らしたりすると削りやすくなります。なお、木口削りでは材料の端が欠けやすいため、半分までかんな削りを行い、板を裏返して残り半分を削ります。

27 木材を切削するしくみ

木材を切削するとき、切屑の変形や破壊、切屑を生成するのに必要な力などに大きく影響するものはどれでしょうか？

①すくい面の傾き　　③逃げ面の傾き

②すくい面の摩擦　　④仕上げ面の摩擦

木材を切削する場合には、通常工具が用いられます。その工具は、材料の特性に応じて、適切な温度で熱処理された金属など、材質の異なる様々な種類のものが使用されています。その工具の先端では、刃先の輪郭を規定している面を「すくい面」と「逃げ面」と呼んでいます。逃げ面は木材を切削した時

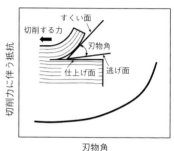

切削に伴う抵抗

に、木材の表面に形成される「仕上げ面」に向き合う面です。この面は、仕上げ面との接触をさけるための傾き（逃げ角）が設けられています。また、すくい面は木材を切削した時に形成される切屑が接触している面です。そのため、すくい面の傾き（切削角）は、切屑の変形や破壊、切屑を生成するのに必要な力などに大きく影響しています。

木材を切削する時の刃物角は、切削する目的や加工する材料の硬さ、工具に使われる材料の性質などによって決定されます。一般的には、切削する材料が硬いほど、また、工具が硬いほど、刃物角が大きい工具を用います。また、右上図のように、刃物角が大きくなるほど、切削する力（切削力）に伴う抵抗は大きくなります。

したがって、刃物角と逃げ面の傾き（逃げ角）を加えた角度、すなわち、すくい面の傾き（切削角）は、切屑が発生する力に大きく影響します。また、切削力に伴う抵抗もすくい面の傾き（切削角）によって変化します。

28 木材の切削面に現れる欠点

逆目切削をしたときなどに切削面に現れる塊状に掘り取られた状態を何と呼ぶでしょうか？

①毛羽立ち　　③目違い

②目離れ　　　④逆目ぼれ

逆目ぼれは「切削面の欠点」の一つです。切削面の欠点には、その原因により大きく3つに分けることができます。1つ目は切削の方式に起因するもの、2つ目は加工機械の調節不良、刃先の摩耗・欠損、不適切な切削条件に起因するもの、もう1つは木材の組織構造の特性に起因するものです。逆目ぼれは3つ目に属する欠点になります。逆目部分が塊状に掘り取られたようなものや、繊維の束が掘り取られた小さなくぼみ群状、帯状に集まったり、あるいは散在したものあります。逆目ぼれの発生を防ぐためには、基本的にならい目切削をする必要がありますが、繊維走行が交互に反対方向に傾斜している交錯木理や繊維が波状に配列する波状木理をもつ材の場合、全面をならい目で切削できないために必ず逆目切削の部分が生じてしまいます（写真上）。また、節が現れる材の切削では節とその周辺部で繊維方向が乱れているため、逆目ぼれが発生しやすくなります（写真下）。

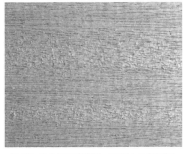

ラワンまさ目面を自動一面かんな盤で切削した場合

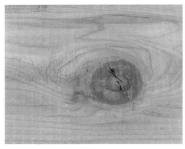

節を有するスギ板目面を自動一面かんな盤で切削した場合

逆目ぼれの例

29 木材の切削面の性状

回転切削時における工具の軌跡によって工作物表面に形成される波状の切削痕を何と呼ぶでしょうか？

①チップマーク　　③かんな焼け

②ナイフマーク　　④スナイプ

　回転かんなで切削する場合、複数枚の工具を固定したかんな胴を回転し、そこに被削材を送り込むため、刃先の回転運動の軌跡として切削面には1刃ごとの凹凸が形成されます。これをナイフマーク（knife mark）といいます（右上図）。ナイフマークの幅と深さは加工機械の切削円直径と切削条件によって異なります（右下図）。

　ナイフマークの幅は、理想的には1刃当たりの送り量に等しくなりますが、実際には各刃先が同一円周上に揃わず、突出した刃先の

ナイフマーク

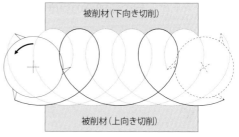

刃数3の場合の刃先の軌跡とナイフマーク

ナイフマークだけが切削面に残るために計算値より大きくなります。

　下向き切削では、常にならい目切削となり、逆目ぼれは発生しにくいのですが、過大切削になりやすかったり、深いナイフマークによって切削面の性状が粗くなったりするために、実用機械では下向き切削が用いられることは少ないです。

30 鋸の仕上げ処理

木材を挽く時に鋸に生ずる応力あるいは温度分布による鋸の座屈を防ぐために、あらかじめ鋸身に応力を発生させておく処理を何と呼ぶでしょうか？

①鋸入れ　　③腰入れ
②挽き入れ　④刃入れ

腰入れは鋸の仕上げ加工の一工程です。

鋸の仕上げ加工には水平仕上げ、腰入れ、背盛り（帯鋸の場合）などがあります。水平仕上げはロール機やハンマを用いて部分的なひずみを取り除き、鋸身を水平にする加工です。

腰入れにはハンマやロール機を用いるロールテンションという方法と鋸身を加熱して腰入れするヒートテンションいう方法があります。腰入れすることによりあらかじめ内部応力を発生させておき、切削時に生じる熱によって鋸が膨張して座屈する（折れてしまう）のを防ぐとともに、鋸の縁部分の強度を増します。帯鋸の場合背盛りも同時に行われます（図）。

帯鋸盤では挽き材時に帯鋸が後退しないように上部鋸車を前傾させておきますが、そのためには鋸身を円錐台状にしておかないと背側だけが緊張されてしまいます。それを避けるためにロールがけを行って鋸身の背に近い部分を歯側よりも延しておきます。これを背盛りと言います。

腰入れした帯鋸
鋸身の中央部が圧延されている

なお、帯鋸の材質は日本産業規格JIS B 4803に規定されており、現在は炭素工具鋼にニッケルやクロムを加えて靱性を向上させた合金工具鋼であるSKS51が最も多く使用されています。

歯側
背側

背盛りした帯鋸
鋸身の背側が圧延されている

31 水分と木材の加工性

空欄に埋まる語句の組み合わせとして妥当なものはどれでしょうか？

水分と木材の加工性との関係は、含有水分が多くなると細胞が（　Ⅰ　）するので切削は容易になり、加工面は（　Ⅱ　）なる

① Ⅰ：膨張、Ⅱ：平滑に　　③ Ⅰ：収縮、Ⅱ：平滑に

② Ⅰ：膨張、Ⅱ：粗く　　　④ Ⅰ：収縮、Ⅱ：粗く

木材を加工する時には、刃物を使用して切ったり削ったりする切削による加工方法が一般的に用いられます。木材は、材料としての性質上、木材に含まれる水分によって加工性が変化します。図は木材に含まれる含有水分によって、切削に伴う抵抗がどのように変化するかを表しています。今、図にあるような工具で木材を切削した

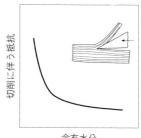

水分による木材切削の影響

場合には、気乾状態にある木材に水分を含むと急激に切削に伴う抵抗は減少し、その後、含有水分の増加に対して、わずかに減少する傾向にあります。

また、木材は含有水分が多くなると、木材中の細胞壁が膨張するとともに、軟らかくなります。逆に、木材を乾燥させると細胞壁は収縮して、水分を含んでいた時に比べて硬くなります。すなわち、木材はは含有水分が多くなると、細胞が膨張し軟らかくなるため、切削に伴う抵抗が減少することがわかります。

以上のことから、木材の加工性と水分の関係においては、含有水分が多くなると、細胞が膨張し軟らかくなるため、切削に伴う抵抗が小さくなり加工が容易になります。ところが、切削に伴う抵抗が小さくなる反面、きれいに表面を切削できる加工性は低下するため、加工面は粗くなります。

32 乾燥材の特徴

よく乾燥させた木材の特徴として、乾燥していない木材と比較した場合、最も適切なものはどれでしょうか？

① 強度が向上する　　　③ 紫外線を吸収しやすくなる

② 腐朽しやすくなる　　④ 変形しやすくなる

よく乾燥させた木材には、次のような特徴があります。1）強度性能の向上、2）狂いや割れの抑制、3）加工性能（接着、塗装など）の向上、4）腐朽や変色などの防止。

木材は、繊維飽和点（含水率約30％）以下になると、含水率の低下に伴って、強度が向上します。ただし、引張り、曲げ、せん断などの強度は、含水率5〜8％で強度が最大となり、これ以下の含水率では強度が若干減少する傾向を示します。また、接着強度も一般的に含水率7〜15％でもっとも良好な強度が得られるとされています。したがって、よく乾燥させた木材は乾燥していない木材と比較して強い材料と言えます。

ところで、生材の含水率は、スギ材を例にとると100〜200％にもなりますから、よく乾燥していない木材で住宅を建てると、建築後も乾燥が進み、含水率約15％で安定するまで、収縮し続けることになります。この乾燥過程において、部材がねじれたり、曲がったりする狂いが発生して、建て付けが悪くなるだけでなく、割れや接合部分にゆるみが生じて、住宅の強度にも影響する原因ともなります。

さらに、木材の含水率が高い場合、60％以上になると表面にカビが生えたり、20〜25％では木材腐朽菌によって分解される危険性が高くなります。これらの菌の増殖を防ぐには、よく乾燥した木材を用い、また、雨や結露によって木材が一時的に濡れても、すぐに乾燥するような使い方が重要です。このように、木材を使用環境に適合した含水率までよく乾燥させてから加工・使用することは、製品の品質や性能を安定させるためにとても重要なことなのです。

33 芯持ち材の割れの原因は？

スギ丸太を乾燥させると写真に示すように割れました。なぜでしょうか？

①丸太の外側部分は、中心部分より水分が多く、割れやすいため

②丸太の半径方向と接線方向では木材の縮む割合が異なるため

③水が通っていた穴が小さくなったため

④生きていた細胞が死んで縮んだため

割れ

丸太は、乾燥に伴う水分の減少によって、樹皮側から髄に向かう方向（半径方向）に大きく割れが発生します。伐採直後の丸太に含まれる水分には、細胞内腔などの空隙に存在する液体としての水（自由水）と細胞壁中に存在する水（結合水）に分けられます。大気中に長期間放置した丸太は、まず自由水が蒸発しますが、収縮には関係しません。したがって、伐採直後の丸太において、心材部と比べて辺材部に多くの自由水が存在しても割れの発生には関係していません。

乾燥によって丸太に割れが発生したのは、結合水が放出されることによって細胞壁の厚さが薄くなったことが原因で、この時の細胞内腔の面積変化はごく僅かです。木材が半径方向に割れるのは、風船の空気が抜けて小さくなるような均等な縮み方ではなく、接線方向の収縮率が半径方向に比べて約2倍も大きいことによります。そこで、心持ち材を化粧柱として使用する場合は、予め背割りという切れ目を入れて、他の外周面に割れが発生することを防ぎ、見栄えを損なわない工夫がされています。

←── 接線方向 ──→

半径方向

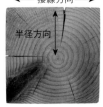

芯持ち柱

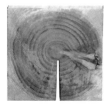

芯持ち化粧柱

床柱（磨き丸太）

34 集成材の特徴

集成材に関する記述として妥当なものはどれでしょうか？

①集成材は、小角材などの部材を組み合わせて製造されるため、木材の持つ異方性が少なくなる

②集成材は、木材より均一で材質のむらが少なく、強度の安定性が高い

③集成材の規格は、日本産業規格（JIS）により定められている

④集成材のラミナは、十分に乾燥させることができないので、狂いや割れなどが発生しやすい

集成材は、ひき板や小角材等を材料として、その繊維方向を平行にそろえて、厚さ、幅及び長さの方向に集成接着をした木質材料です。木材部分の構成要素が大きいため、無垢材に近い風合いを備えています。

ひき板で構成される集成材

集成材の特徴として、

・断面の小さいひき板（ラミナ）の段階で十分に乾燥（含水率15％以下）させるため、無垢材に比べて膨張・収縮などによる狂いや割れが少なく、寸法安定性に優れている。

・バラツキのある複数の木材を積層することにより、個片の欠点が平均化されるため、強度の安定性が高い。

・幅・厚み・長さ方向それぞれ自由に接着調整することができるため、小径木材や端材を有効に活かして、長大材や湾曲材を製造することが可能。

などが挙げられます。集成材の規格は日本農林規格（JAS）により定めており、大きく構造用集成材と造作用集成材に分類されます。集成材は、木材の異方性を少なくするためのものではなく、繊維方向に強い木材の特性をより強調した材料です。木材の異方性を緩和する木質材料としては、合板やCLT（Cross Laminated Timber）などがあげられます。

35 LVLの特徴

単板積層材（Laminated Veneer Lumber, LVL）の特徴の説明として妥当なものはどれでしょうか？

① 原木の利用は大径材に限られ、間伐材や小径材は原料として向かない

② 合板と同様にレース単板が原料であるため、合板と同程度の寸法安定性を示す

③ 単板厚さを薄くするほど、積層数を増やすほど、材質のばらつきは低減する

④ 横方向の割裂強度や繊維平行方向のせん断強度が不十分であるため、構造用材として認められていない

LVLは、ロータリーレースという機械で丸太を大根のようにかつら剥きしてレース単板を作り、それを軸と平行方向に何枚も積層接着したものです。レース単板が薄く積層数が多いほど、木材固有の欠点が分散され、材質が安定化します。近年では、機械の開発が進み、間伐材や小径木に対応可能となっています。

合板は、単板の繊維方向を互いに直交させて積層接着するので、繊維直交方向に生じる寸法変化を繊維方向が抑え込む効果が発揮されるため、寸法安定性に優れています。一方、LVLを構成するレース

LVLの例

単板の多くは繊維方向を1方向に揃えて積層接着されるため、木材の寸法変化の異方性を継承しやすいです。

また、レース単板には単板切削の過程で生じた裏割れがあるため、繊維直交方向への割裂や繊維に沿ったせん断強度が低くなる傾向があります。そこで、幅反りや表面割れ、割裂を防止するために一部の層の繊維方向を合板のように直交させています。

単板積層材の日本農林規格（JAS）には、造作用、構造用それぞれの基準があり、構造用では、厚さ、接着材の種類、曲げ性能、ホルムアルデヒド放散量、単板の積層数などが定められています。

36 F☆☆☆☆の意味は？

合板などの建材に表示されている「F☆☆☆☆」（フォースター）の説明として妥当なものはどれでしょうか？

① 常時湿潤状態における接着力が確保されているので、屋外または外壁下地など水に濡れるおそれのある場所において使用できる

② ホルムアルデヒドの放散量がきわめて少なく、居室の内装用として面積の制限を受けることなく使用できる

③ 外部の騒音を遮断する性能と、吸音性能が優れているので、床材として使用できる

④ 構造耐力上主要な部分に用いる目的で作られたので、木造軸組工法の耐力壁として使用できる

　　ホルムアルデヒドは熱硬化性の木材用接着剤の原料として、あるいはデンプンなどの接着剤の防カビ剤として利用されています。ところが、接着剤中に遊離したホルムアルデヒドや、硬化後に加水分解して生成したホルムアルデヒドが大気中に放出し、室内環境を悪化させることが問題となりました。

　そこで、いわゆるシックハウス対策として、2003年に行われた建築基準法の改正により、ホルムアルデヒドを放散する建材は居室の内装用としては使用制限を受けることになりました。ホルムアルデヒド放散量は、デシケータに試験片と蒸留水を入れ、24時間後に蒸留水に吸収されたホルムアルデヒドの水中濃度によって、合板の場合にはF☆☆☆☆、F☆☆☆、F☆☆、F☆に区分されます。

　F☆☆☆☆のマークは、ホルムアルデヒドの発散速度がきわめて少ない木質建材等に表示されており、そのホルムアルデヒド含有量をできるだけ減らすため、接着剤の種類や塗布量、熱圧条件や硬化後の養生などに配慮して製造されています。現在では、建築用接着剤の日本産業規格（JIS）にホルムアルデヒドの規制が盛り込まれ、建材の脱ホルムアルデヒド化が進んでいます。

37 木と木をくっつける

木材どうしをつなぐ接着力に関する次の説明のうち、正しいもの
はどれでしょうか？
　①木材含水率が高ければ高いほど、接着力も高くなる
　②木口面同士と板目面同士の接着力は、前者の方が高い
　③空隙が多い低密度材ほど、接着剤がよく充填されるため接着
　　力が高い
　④接着層は限りなく薄い方が接着力は高い

　　　木材用接着材の多くは水溶性です。接着層を形成するためには
　　　接着剤中の水分が木材に浸透し、接着剤の主剤である樹脂の濃
度が高くなる必要があります。従って、伐採直後の濡れた木材を接着
しようとしても、強固な接着層が形成されにくく、良好な接着力を発
揮することはできません。一方、木材が乾きすぎていても、接着剤が
水分とともに木材内部に浸透し過ぎるため、接着力は低くなります。
従って、接着時の木材の適正含水率は一般的に7～15％です。

　木口面同士の接着では、断面の空隙が多くて有効接着面積が少ない
ことや、木口面から内部への接着剤の過剰浸透によって接着層が形成
されにくいため、板目面同士の接着力よりも低くなります。集成材の
木口面接着でよく見られるフィンガージョイントは、この接着力の低
さを解決するための接合技術です。

　木材は接着条件が同じであれば、丈夫な高密度材ほど接着力が大き
くなります。木材の接着力の判断目安として、どれだけ木材部分で破
壊したかを表す指標である木部破断率（木破率）があり、この値が大
ければ接着剤が十分に機能している（接着層で壊れていない）ことを
示しています。

　接着力は、限りなく薄く、かつ、均一な接着層ほど高くなります。
薄い接着層ほど接着層に隙間が無くなり強度低下の原因となるクラッ
クが生じにくくなること、接着層内に生じる力が小さくなるためで
す。薄い接着層を作るためには、接着剤塗布後の圧縮圧力を十分に高
くすることが必要です。

38 木材用接着剤の特徴

木材用接着剤に関する説明のうち、適切なものはどれでしょうか？
　①酢酸ビニル樹脂系接着剤は0℃以下でもしなやかさを保つ
　②にかわ、カゼイン等の動物性タンパク質系の接着剤が、現在世界的に最も多量に使われている
　③エポキシ樹脂接着剤は硬化時に体積収縮が少ないため、異種材料との接着に適している
　④熱硬化性樹脂であるユリア樹脂やメラミン樹脂は、構造用接着剤として適している

　　酢酸ビニル樹脂系接着剤（使用時は白くて、乾くと無色透明になるいわゆる「木工用ボンド」）は熱可塑性であるため、温度変化によって接着性能は大きく変化します。0℃以下の低温では脆くなり、50℃以上では逆に軟化して接着力が大幅に低下する傾向があります。

　1950年代に合成高分子が出現する以前には、木材用接着剤として動物性タンパク質系のにかわ、カゼイン、および植物性タンパク質系の大豆グルーなどが使われていました。これらの天然系接着剤の多くは現在では工芸、楽器などの特殊な用途にのみ使用されています。これらの接着剤は乾燥状態で強固な接着力を発揮しますが、加熱すると溶融して何度でも使用が可能です。

　エポキシ樹脂接着剤は溶剤を含まない、樹脂100％の接着剤なので、他の水溶性接着剤に比べて硬化時の収縮が小さく、低い圧締力で接着力を発現します。また、金属、プラスチック、ゴムなど多様な材料を接着することができることも大きな特徴です。その反面、主材と硬化剤の二液性接着剤として様々な種類が販売されているため、使用目的や用途に応じた選択の知識が必要となります。

　熱硬化性樹脂の中でも、ユリア樹脂やメラミン樹脂には構造用接着剤として不適当なものがあります。構造用接着材としては、レゾルシノール樹脂、フェノール・レゾルシノール樹脂、フェノール樹脂接着剤が挙げられます。

39 木材の燃えしろ設計

木材は金属材料のような熱軟化や溶融による急激な強度低下を起こさず、表層から徐々に炭化層を形成しつつ燃焼します。25mm厚の壁では、計算上、燃え抜けるまでにどのくらいの時間的猶予が期待できるでしょうか？

① 3分　　② 10分　　③ 30分　　④ 90分

木材は一般的に燃えやすいとの認識がありますが、太い丸太や厚い角材は材自体の断熱性能が高く温度上昇が遅いことに加えて、表面に着火しても炭化層を生じ、それがさらなる断熱と酸素を遮断する役割を果たすため、なかなか燃焼しません。

角材にバーナーの炎を近づけた場合

　木材が炭化する速度は0.6～0.8mm/分程度であり、厚さ25mmの木材壁では、燃えぬけるまでに約30分を要し、その間、炎の遮断の働きを期待できます。木材は、断面が大きく、厚さが厚いときには火災による強度の低下は比較的ゆるやかで、避難のための時間的な猶予を得られると期待できます。このように、火災時、ある想定した時間内に構造物が炭化によって断面欠損したとしてもなお安定性を保つように計算する設計方法を「燃えしろ設計」と呼びます。

　燃えしろ設計の適用は、従来は構造用集成材、構造用単板積層材についてのみ認められていましたが、2004年の国土交通省告示の改正により、日本農林規格（JAS）に適合した含水率15％以下（乾燥割れによる耐力低下のおそれが少ない構造では20％以下）の製材についても認められるようになりました。

　火災による耐力の低下を抑制し、建築物全体が容易に倒壊するおそれのない構造とするためには、構造用集成材、構造用単板積層材では2.5cm、構造用製材では3.0cmの燃えしろの確保が必要です。この場合、燃え抜けるまで30分間の時間的猶予が期待できます。

木のここちよさを学ぼう

40 「木の呼吸」の意味

部屋の内装に使われる木材には、「呼吸している」という表現がよく使われます。この表現の説明として妥当なものはどれでしょうか？

① 木材はもともと植物だったので、室内空気の酸素を吸って、二酸化炭素を放出している

② 木材はもともと植物だったので、室内空気の二酸化炭素を吸って、酸素を放出している

③ 木材は、周囲が湿れば材中に水分を吸湿し、逆に周囲が乾けば水分を外に放出する

④ 木材は、室内の化学物質を吸着し、香り成分を放出している

「木の呼吸」とは、細胞壁中の親水性の高い化学成分（セルロース、ヘミセルロース）に緩く結合している水分子を周囲に放出したり（放湿）、逆に周囲の水分子を細胞壁中に取り込んだりして（吸湿）、周囲の温湿度とちょうど釣り合う含水率（平衡含水率）になろうとする木材の吸放湿性の比喩なのです。

部屋の湿度は外気の温湿度の変動に連動して変化しますが、木材のように吸放湿性に富む材料で部屋を内装すると、部屋が湿り過ぎれば余分な水分を吸湿して湿度を下げ、乾き過ぎれば自身の水分を放湿して部屋の湿度を上げるので、結果として、エネルギーを使わずに部屋の湿度変動を小さくする調湿効果が期待できます。

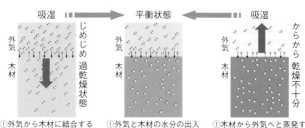

吸湿 ⟹	平衡状態	⟸ 吸湿
外気 / 木材 / じめじめ過乾燥状態	外気 / 木材	外気 / 木材 / からから乾燥不十分
①外気から木材に結合する水分子の方が多い ②木材表面部の含水率が高くなる ③表面から内部へ移動する水分が見かけ上増える → 木材含水率の増加	①外気と木材の水分の出入りが平衡している ②木材内部に含水率の勾配がない ③内部での水分の移動は見かけ上消失 → 平衡含水率	①木材から外気へと蒸発する水分子の方が多い ②木材表面部の含水率が低くなる ③内部から表面へ移動する水分が見かけ上増える → 木材含水率の低下

41 木材色の特徴

（正答率65％）

一般的な木材の色の説明として妥当なものはどれでしょうか？

① 密度の低い木材は、密度の高い木材に比べて明るい傾向にある

② 黄色い材ほど暗く、赤みの強い材ほど明るい傾向にある

③ 針葉樹材と広葉樹材の材色を比較すると、針葉樹材の方が明るい傾向にある

④ 同じ木材では、早材の方が晩材よりも暗い傾向にある

一口に「木の色」と言ってもバリエーションが豊富です。木材の色は概ね黄赤系（Yellow-Red、YR系）の色相で、いわゆる「暖色」に分類されます。多数の木材を調べてみると、明るく黄色っぽい材ほど密度が小さく（軽い）、暗く赤みの強い材ほど密度が大きい（重い）という傾向にあります。もちろん例外も多いのですが、木材色について覚えておくと役に立つ知識の1つです。というのも、木材の密度と、温冷感、硬軟感、粗滑感などの手触りとの間には密接な関係があるからです。

木材の色は1つの年輪内でも変化しています。日本のように四季のはっきりした土地で育つ樹木には、春から夏にかけて急ピッチで成長した幅が広くて明るい部分（早材）から、夏の後半にじわじわ成長した幅の狭い暗い部分（晩材）へのグラデーションが現れます。早晩材の移行に伴う明暗のコントラストは、木材がかつて樹木として生きていたことの証に他なりません。

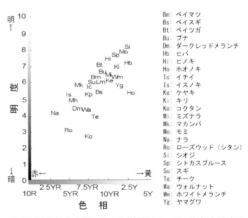

Bm: ベイマツ
Bs: ベイスギ
Bt: ベイツガ
Bu: ブナ
Dm: ダークレッドメランチ
Hb: ヒバ
Hi: ヒノキ
Ho: ホオノキ
Ic: イチイ
Is: イスノキ
Ki: ケヤキ
Ki: キリ
Ko: コクタン
Mi: ミズナラ
Mk: マカンバ
Mo: モミ
Na: ナラ
Ro: ローズウッド（シタン）
Si: シオジ
Sp: シトカスプルース
Su: スギ
Te: チーク
Wa: ウォルナット
Wm: ホワイトメランチ
Yg: ヤマグワ

建築や工芸によく用いられる樹種について、色相と明度の関係を調べてみると、黄色みの強い材ほど明るく、赤みの強い材ほど暗くなる傾向がある。また、例外は多いが、明るい材ほど軽く（密度が小さい）、やわらかい、逆に、暗い材ほど重く（密度が大きい）、かたい傾向にある。

53

42 木目模様の特徴

木目模様の特徴の説明として妥当なものはどれでしょうか？

① 日本のように四季の明確な気候で成長した針葉樹では、1年輪の中に暗い早材と明るい晩材が含まれており、この明暗のコントラストが交互に現れて木目模様となる

② 年輪幅（年輪間隔）は、木材が樹木として生きていた頃の気候変動などを反映して、微妙に広くなったり狭くなったりする

③ 複数の年輪が互いに融合したり離れたりするため、木目模様の明暗も交わったり離れたりして、パターンが複雑化する

④ 針葉樹は広葉樹よりも進化しており、木材組織の機能分化が進んでいるため、広葉樹よりも複雑な木目模様が現れやすい

樹木は、季節の変化や時に生じる大規模な気候変動の影響を受けながら、毎年肥大成長を繰り返し、その過程で成長輪（年輪）を形成します。成長の度合いは当然毎年異なるので、年輪の幅も広くなったり狭くなったりします。日本のように四季のはっきりした土地で育つ樹木には、春から夏にかけて成長した幅が広くて明るい早材と、夏の後半にゆっくり成長した幅の狭い暗い晩材が現れます。樹木は前年の年輪に翌年の年輪を積み重ねて肥っていくので、複雑な木目模様でも、墨流しの文様と同様に、互いに交わることはありません。

広葉樹は針葉樹よりも進化しており、通導を担う道管要素や樹体支持を担う木繊維など組織の機能分化が進んでいます。このため、針葉樹材よりも複雑な木目模様が現れやすくなります。

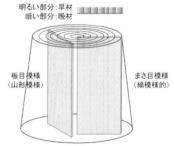

明るい部分：早材
暗い部分：晩材

板目模様
（山形模様）

まさ目模様
（縞模様的）

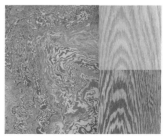

墨流しの文様とよく似た木目模様

43 木材の光反射

木材の光反射に関する説明のうち、正しいものはどれでしょうか？

① 木材が黄赤系の暖色に見えるのは、「赤燈黄緑青藍紫」の可視光成分のうち、赤色寄りの成分をより多く吸収するからである

② 木材は紫外線のほとんどを吸収する。ただし、塗装方法によっては材面が鏡のように光を反射するようになり、紫外線も反射してしまう場合がある

③ 木材の表面には雨どいをずらりと横に並べたような微小な凹凸が存在する。そのため、照明光が散乱反射されやすく、ギラギラして見える

④ 鋭利な刃物で削られたり、目の細かい紙やすりで仕上げられたりした木材の表面はとても平滑で、均質に光を反射する

木材が黄赤系の暖色に見えるのは、赤色寄り（長波長側）の光成分をより多く反射するからです。逆に、紫色寄り（短波長側）の光成分をよく吸収し、紫外線の反射は非常に少なくなります。ただし、これは塗装などを施していない無垢材の場合です。

木材は無数の細いストローを束ねたような作りになっています。このため、材面には雨どいを並べたような微小な凹凸が必ず現れます。この凹凸のおかげで、鏡のような正反射が少なくなり、ギラギラした反射は生じません。どのように平滑に仕上げても微小な凹部が残る（むしろ平面部と凹部の境界がはっきりする）ので、逆に反射異方性が強調されます。ヒノキの板目面を真上から照明したときの拡大写真をみると、光る部分と光らない部分が混じっている様子がわかります。

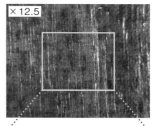

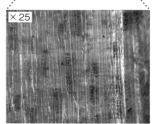

落射顕微鏡で観察したヒノキ材板目面の様子

44 木材のツヤ

木材のツヤに関する説明として妥当なものはどれでしょうか？

①木材どうしで比較すると、密度の大きい材の方が照る部分が多く、ツルツルした印象を与えやすい

②材面の傾きや照明の方向に関係なく、木材表面での光反射は安定している

③白木（無塗装の無垢材）の光沢は、塗装をしても変わらない

④木材の表面を平滑に仕上げると、ギラギラと光が反射する

密度の大きい重い木材は、分厚い細胞壁断面での光の反射が増え、光沢感が増します。そのような材面は平滑性もよくなりますが、私たちはそのことを経験的に知っており、ツヤのある材面を見るとツルツルした印象を抱きます。

木材は多数のパイプを束ねた構造を有しています。これらは、樹木が養分や水分を通導するために発達させた樹幹組織です。私たちはこのパイプの集合体を縦横にカットして（製材して）利用するので、例えば真っ平らに見える木材縦断面（まさ目面および板目面）には、雨どいが並んだような細かな凹凸が現れています。そのため、ここに入射した光は適度に散乱されて、金属面のようなギラギラした反射は生じません。ただし、白木（ムク材）に塗装を施すと、反射光と散乱光の割合が変わるので、質感が変化します。

そのような凸凹だらけの材面に入射した光は、照明光の入射方位や角度、そして材面の傾きによって、反射方向が複雑に変化し、「照りの移動」が現れることもあります（図）。

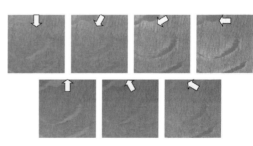

ミズナラの虎斑を矢印の方向から照明したときの材面の様子
照明の方位によって材面の表情が大きく変化します。

45 木製品の塗装の効果

木製品を塗装する効果としてふさわしいものはどれでしょうか？
①水分の出入りを促進する　③製品の強度を上げる
②製品の劣化を抑制する　④製品を錆なくする

多くの木製品には表面に塗装が施されています。木材を塗装することによって、素材表面が傷つき汚れることを防ぎ、また、吸湿を抑えて木材の変形を防ぐことなど、木製品の劣化を抑制し、耐久性を向上させる大事な役割があります。さらに、光沢、色彩、あるいは木目の美しさを引き立たせるなど、美観を向上させることも大きな役割です。中には、電気絶縁や難燃性の向上など特殊な機能を付加するための塗装もあります。

塗装には、表面を透明に仕上げる透明塗装と着色するための顔料を含んだ不透明塗装があります。透明塗装に使用する塗料には、表面につやがある「クリヤー」や「ワニス」のような塗料があり、透明でも、つや消しの塗料もあります。また、不透明塗装には、ペイント（俗にペンキ）やエナメルと呼ばれる塗料があります。

木材の塗装に使用される塗料には、ニトロセルロース系塗料やポリウレタン樹脂塗料、石油系の溶剤を使わない水性塗料などがあります。溶剤には希釈用（うすめ液）としてシンナーが使用されます。うすめる塗料によっては、ラッカーシンナーやポリウレタンシンナー等が用いられ、ペイント類にはペイントシンナーが使われます。

一般に、表面の汚れや凹凸を除去した後に、木材と塗料との密着性をよくするための下塗り、表面の平滑性の向上と必要とする塗膜の厚さを調整する中塗り、目的とする色彩や光沢を得るための上塗りの手順で塗料を重ね塗りします。

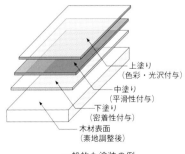

上塗り
（色彩・光沢付与）

中塗り
（平滑性付与）

下塗り
（密着性付与）

木材表面
（素地調整後）

一般的な塗装の例

46 木材のあたたかさ・なめらかさ・かたさ

コクタンやシタンなど、密度が大きく材色が暗い木材の一般的な性質として、材面に触れたときの「あたたかさ」「なめらかさ」「かたさ」の組合せとして妥当なものはどれでしょうか？

①あたたかさ→冷　なめらかさ→粗　かたさ→軟
②あたたかさ→温　なめらかさ→滑　かたさ→軟
③あたたかさ→温　なめらかさ→粗　かたさ→硬
④あたたかさ→冷　なめらかさ→滑　かたさ→硬

材色の暗い木材には重いものが多いですが、この重さは木材の密度を反映しています。木材の密度と触り心地の間には密接な関係があります。木材は「あたたかい」材料として広く認識されていますが、樹種が異なれば密度も異なるので、その触り心地も様々に変化します。寸法が同じで樹種の異なる2つの木材を持ち比べたとき、重い木材と軽い木材の最大の違いは、木材の実質部分である細胞壁の空隙の割合です。顕微鏡を使えば、密度が大きくて重い木材ほど、細胞壁がぎっしり詰まっている様子が観察できます。そのような木材の表面は緻密で硬く、指に引っかかるような凹凸が少ないので、触り心地がつるつると滑らかになります。さらに、熱の伝達経路となる細胞壁が多いので、細胞壁の少ない軽い材よりも触れたときに冷たく感じられることになります。

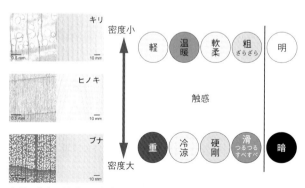

木材の密度と触感の関係（顕微鏡写真の濃く染まっている部分が細胞壁）

木材どうしの触り心地を比べる

（正答率72%）

次の2種類の木材の触り心地を比べた時の組合せとして妥当なものはどれでしょうか？

① スギは冷たい、ケヤキは温かい
② スギは硬い、カエデは軟らかい
③ キリはベタベタ、ケヤキはサラサラ
④ キリはザラザラ、カエデはツルツル

木材に触れたときの「あたたかさ」と「冷たさ」つまり温冷感は、材の密度に大きく依存します。密度の大きい重い材ほど、熱の移動経路となる木材実質（細胞壁）が多くなり、皮膚から

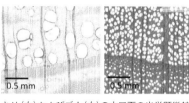

キリ（左）およびブナ（右）の木口面の光学顕微鏡像。色素で染まって濃くなっているのが細胞壁。これが多いか少ないかで、木材の触り心地が決まる。

奪う熱も増えるので、その分冷たく感じられます。木材の硬軟感も密度に依存し、中身の詰まった密度の大きい材ほど触り心地が硬くなります。スギはケヤキやカエデに比べるとずいぶん密度が小さいので、「あたたかく」「やわらかい」触感となります。「べたべた」「さらさら」に関係する乾湿感は、皮膚から出る水分の逃げやすさに関係すると考えられています。また、木材の場合、密度の小さい材ほど、材面に現れる凸部（細胞壁断面）が少なく凹部（細胞内こう）が多いので、接触面に隙間が増え、これにより水分が皮膚から円滑に蒸散するので、乾いた感覚を与えやすくなります。キリとケヤキでは、密度の大きいケヤキの方が指にまとわりついてくることでしょう。粗滑感も密度に依存します。細胞壁が分厚い高密度材を平滑に仕上げると、細胞壁断面がツルツルした平面となって材面に現れます。逆に、密度の小さい軽軟材は内こう部の割合が多いので、平滑に仕上げられるとこの凹部に指が引っかかりやすくなります。ただし、ケヤキなどの環孔材では材面に周期的に孔圏部（凹部の集合）が現れるため、同じ密度の広葉樹材散孔材と比べると、その手触りは粗くなることでしょう。

48 さまざまな材料の接触温冷感

次の材料の中で、手で触ったときに、温かく感じられる順に並んでいるものはどれでしょうか？

① アクリル樹脂板－アルミニウム板－ケヤキ材－キリ材
② アルミニウム板－アクリル樹脂板－キリ材－ケヤキ材
③ ケヤキ材－キリ材－アルミニウム板－アクリル樹脂板
④ キリ材－ケヤキ材－アクリル樹脂板－アルミニウム板

常温の物質を手で触れたときに温かいと感じるか冷たいと感じるか（接触温冷感）は、物質の熱伝導率との間に高い相関があることがわかっています。熱伝導率とは、その物質における熱の伝わりやすさを示す値ですから、熱伝導率の小さい物質は、手で触れたときに体温があまり奪われることなく、温かい印象を受けやすくなります。

ところで、同じ木材でも、キリ材とケヤキ材の熱伝導率

いろいろな材料の熱伝導率

物　　質	温度 (℃)	熱伝導率 (W/mK)
銅	0	403
アルミニウム	0	236
黄銅（真鍮）	0	106
鋼（炭素）	0	50
鋼（18-8ステンレス）	0	15
コンクリート	常温	1
ガラス（ソーダ）	常温	0.55-0.75
ナイロン	常温	0.27
アクリル	常温	0.17-0.25
木材（気乾、縦断面）		0.07-0.19
ケヤキ材（気乾、縦断面）	常温	0.14
キ リ材（気乾、縦断面）		0.07
グラスウール	常温	0.04

出典：国立天文台編、平成23年度版理科年表。森林総合研究所監修、改訂4版木材工業ハンドブック（2004）

の違いは、木材の密度に大きく依存します。密度の小さい（軽い）木材ほど、熱の移動経路となる木材実質（細胞壁）が少なく、空隙（空気層）が多くなることから、温かく感じられます。反対に密度の大きい（重い）木材ほど、木材実質が多くなり、皮膚から奪う熱も増加するので、その分冷たく感じられます。さらに、同じ密度でも、横断面（木口面）は、木材実質がより連続しているため熱伝導率が大きく、縦断面（板目面、まさ目面）に触れたときよりも冷たく感じられます。

49 向きによって熱的性質が異なる木材

室内に置かれている同じ表面温度で、同じ厚さの木材に触れたとき、最も冷たく感じる板はどれでしょうか？

① ケヤキの木口板　　③ スギの板目板

② ケヤキの板目板　　④ スギの合板

物体に触れた時の温冷感は、手から物体に流れる熱移動量によります。密度が高い材料の方が熱伝導率は大きく、より熱が流れるので、より冷たく感じます。この問題は、木材の向きと接触温冷感の関係をきいています。木材は、木の立っていた方向（繊維方向）、丸太を輪切りにした横断面（年輪のある面）の直径の方向（放射方向）と接線方向では、強度や水分を吸放湿したときの膨潤・収縮などの性質が大きく異なります。このことを異方性と言

丸太の断面

います。ですので、木材を使うときには、木材がどの向きで使われるかを考えることは非常に重要だということになります。また、木材の断面もその方向によって名称が異なります。丸太を輪切りにした横断面を木口面、丸太を木口面で直径に沿って切った放射断面をまさ目面、木口面を図の点線（直径ではない線）で切った接線断面を板目面と言います。木材の熱伝導率は、繊維方向が放射方向、接線方向に比べて2～2.5倍も大きく、放射方向と接線方向はあまり差がありません。つまり、木材に触れた時、最も冷たく感じるのは木口面ということになります。

　選択肢を見てみると、ケヤキとスギでは、ケヤキの方が密度は高く、熱伝導率が高くなります。また、合板は丸太をかつらむきした薄い板（単板）を奇数枚張り合わせた木質材料ですので、触っている面は、板目面になります。よって、冷たく感じる順に、ケヤキ木口面＞ケヤキ板目面＞スギの合板≒スギ板目面となります。

50 木の香り成分の効能

ヒバ材の香り成分が持つ効果としてふさわしいものはどれでしょうか？

① 防菌効果　　② 防湿効果　　③ 防音効果　　④ 保温効果

樹木は、セルロース、ヘミセルロース、リグニンの3主要成分と、それ以外の副成分で構成されています。副成分は、樹脂、精油、灰分などで樹種により成分も含有量も様々です。木に色々な香りがあるのは、副成分の主に精油成分（揮発性物質）が樹種によって異なるからです。

ヒバ材は、特に強い特有の香りがします。その中に、強力な抗菌性を示す成分として知られるヒノキチオールを含み、その他、ツヨプセンやドラブリンなどの精油成分の効果もあわせて、シロアリや細菌を寄せ付けない、極めて高い防虫性、耐腐朽性を有します。この特性から、ヒバ材は中尊寺金色堂をはじめ神社仏閣などの建築用材にも古くから使用されてきました。

これらの精油成分は、元々、樹木が自らの生き残りをかけて、昆虫や微生物から身を守るために生成したものです。植物から発散される香り成分「フィトンチッド」も、森林浴に代表されるリラックス効果として、人への健康面での効果が期待されていますが、木材を削ったときに香る成分と同様に、他の植物の成長を阻害する作用、害となる昆虫や微生物を忌避する作用、さらには殺虫・殺菌する作用などがあります。

ところで、ヒバはヒノキ科アスナロ属のアスナロと変種のヒノキアスナロの両者を含めた呼び名として一般的に用いられています。アスナロは、本州・四国・九州に分布していて、木曽五木の一つとしても有名です。ヒノキアスナロは、北海道南西部（渡島半島）から関東北部に分布するアスナロの北方型で、秋田スギや木曽ヒノキと並んで日本の三大美林に数えられる青森ヒバが有名です。ヒバ精油は、豊富な蓄積量を有する青森県を中心に、製材工場のおが屑などから抽出して、芳香剤、防虫剤、化粧品などに使用されています。

51 木質フローリングとダニ

木質フローリングにおけるダニの繁殖に関する説明として妥当なものはどれでしょうか？

①木質フローリングにはダニが潜めるスペースが少ないので、カーペットと比べてダニが繁殖しにくい

②木質フローリングをダニがエサとして利用する（食べる）ので、カーペットと比べてダニが繁殖しやすい

③木質フローリングの色をダニが嫌って寄り付きにくいので、カーペットと比べてダニが繁殖しにくい

④木質フローリングにはダニが好む化学物質が含まれているので、カーペットと比べてダニが繁殖しやすい

ダニは嫌われ者の害虫の代表格です。家庭で圧倒的に多く見つかるダニはヤケヒュウダニやコナヒョウダニなどのチリダニ類で、これらのダニは人を刺しません。人を刺すのはイエダニに代表されるツメダニ類ですが、媒介する

ヤケヒュウダニ　　コナヒョウダニ

ネズミなどの害獣が減ったために、被害は減少傾向にあります。刺さないダニがやっかいなのは、その糞や死骸が、アトピー性皮膚炎やアレルギー性ぜんそく、鼻炎といったアレルギー性疾患の原因物質（アレルゲン）になることです。諸症状を緩和し発症を抑制するには、原因物質の除去、つまり、ダニの繁殖を抑制する必要があります。

ダニには繁殖に至適な温湿度や餌（微生物の胞子や人のふけなど）の他に、潜り込める陰や隙間を好むという性質があります。木質フローリングにはダニが潜り込めるような空隙が少ないため、ダニの住み家とならず繁殖しにくくなります。

ただし、ダニの住み家は床だけではありません。たとえ木質フローリングの床であっても、ダニの死骸や糞がハウスダストとなってどこからともなく床に落ちることもあり、注意が必要です。

（正答率32％）

木材および木質材料から放散される化学物質に関する説明として
妥当なものはどれでしょうか？

①木材から放散されるα–ピネン、リモネンなどのテルペン類
は総揮発性有機化合物（TVOC）に含まれている。そのため、
木材を多用した室内ではTVOC濃度が高くなる

②木材の樹種が多様であるように、無垢の木材から放散される
天然の化学物質の種類も多い。ただし、アセトアルデヒドや
ホルムアルデヒドなどは含まれていない

③木材が古来より使われてきたことからもわかるように、木材
由来の天然成分が人に対して悪影響を及ぼすことはない

④「F☆☆☆☆（フォースター）」は、ホルムアルデヒドを放散す
る建材の放散量の等級のうち最も厳しいもので、全くホルム
アルデヒドを放散しない

　　α–ピネンやリモネンなどの木材由来のテルペノイドは、木材
　　から揮発して鼻の粘膜に捕らえられ、我々の嗅覚を刺激して
「木の香り」を醸します。木の香りが強い部屋にはこれらの揮発性有
機化合物が多数舞っていることになり、TVOCの濃度が高くなりま
す。多くは「良い匂い」の源ですが、化学物質過敏症などの疾患をお
持ちの方にはきつすぎる場合もあります。また、クスノキ材はとても
爽やかな香気を発しますが、この材から取れる精油（樟脳）が衣服の防
虫剤として使われてきたことから、木の香りは「毒」にもなり得ます。

　木材から揮発する有機化合物は香りの成分だけではありません。
シックハウス症候群を引き起こす物質として注目を集めたのは接着剤
由来のホルムアルデヒドでしたが、木材自身もわずかですがホルムア
ルデヒドやアセトアルデヒドを放散しています。そのため木質建材か
ら放散されるホルムアルデヒドをゼロにすることは至難の業です。ホ
ルムアルデヒド放散基準のF☆☆☆☆はホルムアルデヒド放散レベル
が最も低いことを表しており、放散量ゼロを意味するものではありま
せん。

木材と住宅について学ぼう

53 住宅のシックハウス対策

いわゆるシックハウス対策に関する建築基準法および建築基準法施行令の一部改正（2003年施行）の説明として妥当なものはどれでしょうか？

①部屋の掃除をこまめに行うこと

②部屋には空気清浄機を取り付けること

③冬のエアコンの設定温度は20℃にすること

④住宅には換気設備をつけること

新築やリフォーム住宅に入居した際に、建材や家具・日用品などから発生する有機化合物を原因とするめまいや頭痛、のどの痛みなどのいわゆるシックハウス症候群が発症することがあります。これは、1970年代の省エネルギー政策以降、住宅の高気密・高断熱化が進んだことが原因とされています。そこで、2003年に施行された建築基準法および建築基準法施行令の一部改正で、ホルムアルデヒドを発散する建材を使用しない場合でも、家具からの発散があるため、原則として全ての居室を有する建築物に常時換気できる機械換気設備を設置することが義務づけられました。例えば住宅の場合、換気回数0.5回/h以上の機械換気設備（いわゆる24時間換気システム）の設置が必要となります。

機械換気には、第1種換気方式（換気扇による強制吸排気）、第2種換気方式（換気扇による吸気と自然排気）、第3種換気方式（自然吸気と換気扇による排気）がありますが、住宅の場合では吸気口からの自然吸気と、台所、トイレ、浴室に換気扇を設置して排気する方法を組み合わせることが一般的でしょう。機械換気により、風や外気温度によらず安定した換気量が得られますが、電力が必要となります。

一方、自然換気には、風が吹くと換気される風力換気と、一階から外気が入り、二階から室内空気が出る温度差換気があります。安定した換気は得られませんが、電力を必要とせず自然の力で換気されます。自然換気を上手に取り入れることも、快適な住環境を保つために大切なことです。

住宅の品質確保の促進等に関する法律で義務づけられた内容として妥当なものはどれでしょうか？

① 新築、増改築、用途変更時に、建物の「出入口」「廊下」「階段」「トイレ」などを高齢者や障害者等が円滑に利用できるように必要な措置を講じること

② 居室にホルムアルデヒドを含む建材の使用制限や、24時間の換気設備を設置すること

③ 数世代にわたり住宅の構造躯体が使用できること、内装・設備について、特に維持管理（清掃・点検・補修・更新）を容易に行うための措置を必要とすること

④ 新築住宅の取得契約（請負／売買）において、基本構造部分（柱や梁など住宅の構造耐力上主要な部分、雨水の浸入を防止する部分）について10年間の瑕疵担保責任（修補責任等）を負うこと

この法律では、良質な住宅を安心して取得できる住宅市場をサポートするために、次の3つの制度などを定めています。

1）新築住宅の10年間瑕疵担保責任（選択肢④）

2）住宅性能表示制度：構造耐力、省エネルギー性能、維持管理・更新への配慮、高齢者等への配慮など10分野34事項についての性能についての客観的な共通基準とそのチェック制度、性能評価書。

3）住宅専門の紛争処理体制：性能評価書を取得した住宅に関する施主と建築会社との紛争トラブルに関する紛争処理機関と利用方法。

なお、選択肢①は高齢者、身体障害者等が円滑に利用できる特定建築物の建築の促進に関する法律（旧ハートビル法）。選択肢②は建築基準法（シックハウスに関する事項）。選択肢③は長期優良住宅の普及の促進に関する法律の内容です。

このように、住宅建築は様々な法律によって制度や基準などが決められています。特に消費者保護のための制度については、その概要と利用方法を知り、積極的に活用していきましょう。

生活者の木造住宅の新築意向

（正答率42％）

内閣府「森林と生活に関する世論調査」（令和元年10月）によると、住宅を新築または購入する際に、木造住宅を希望する人はおよそ何割でしょうか？

①およそ2割　②およそ4割　③およそ6割　④およそ7割

「仮に、今後、住宅を建てたり買ったりする場合、どのような住宅を選びたいと思いますか。この中から1つだけお答えください」

・木造住宅（昔から日本にある在来工法のもの）

・木造住宅（ツーバイフォー工法など在来工法以外のもの）

・非木造住宅（鉄筋、鉄骨、コンクリート造りのもの）

・わからない

というアンケート調査（回答1,546名）では、木造住宅（在来工法）47.6％、木造住宅（在来工法以外）20.6％と、木造住宅を希望する人がおよそ7割（73.6％）です。

また、木造住宅を希望する人に、「木造住宅を選ぶ時に、価格以外であなたが重視すること」を聞くと、「品質や性能が良く、耐久性に優れていること」75.7％、「健康に配慮した材料が用いられていること」53.7％と高くなっています。

都市規模別で見ると、大都市で66.7％、中都市で74.3％、小都市で73.3％、町村88.6％とその差は小さく、中小都市だけでなく大都市でもおよそ7割の生活者が木造住宅を希望していることがわかります。

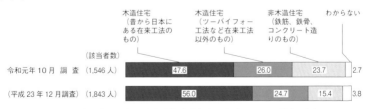

出典：内閣府大臣官房政府広報室「森林と生活に関する世論調査」
令和元年10月、平成23年12月

56 木造軸組工法の特徴

現在の木造軸組工法の特徴として妥当なものはどれでしょうか？
① 和風建築に特化した工法であり、洋風建築には向かない
② 梁・桁等の接合部に金物を利用し、耐震性を確保するように
なった
③ 継手・仕口を現地で加工する場合がほとんどである
④ 木材の自然な特性を生かすために柱材や横架材などの躯体に
は未乾燥材を多用することが望ましいとされる

　木造軸組工法は日本の伝統的な工法ですが、明治期から西洋の影響が入り始め、すでに昭和初期には「和風木造」のほか、屋根は鉄板葺き、壁はよろい張り下見、腰はラスモルタル塗りなどの特徴をもつ「洋風木造」と呼ばれる住宅様式が登場しています。

　木造軸組工法に用いられる柱材や横架材などには接合部が設けられますが、破棄までの変形量は大きく、急激に破壊しませんが、初期剛性や耐力が低くなります。そのため写真の住宅のように、小屋束と小屋梁をつなぐかすがいや、小屋組を補強する火打金物など、金物による補強が広く行われています。

　また、これらの接合部を構成している継手・仕口については回転工具などであらかじめプレカット工場で加工されたものがほとんどです。

　柱材や横架材などの躯体に未乾燥材を使用すると、木材の収縮に伴う狂い、割れ、すきま、継ぎ目の段差や、釘やネジの保持力の低下など、問題が生じやすくなります。着工から竣工まで3〜4カ月といわれる短工期で建築する場合は、躯体を組み上げてからの木材の狂いを含むゆがみの調整が困難であるとされ、狂いの少ない乾燥木材を躯体に用いることが望ましいとされています。

かすがい

火打金物

木造軸組工法の住宅の小屋組

57 枠組壁工法の特徴

木造建築の枠組壁工法の説明として妥当なものはどれでしょうか？

① 日本で開発された独自工法である

② 部材の接合には継手・仕口が用いられ、釘は使用しない

③ 柱と梁で組み上げ、2階建ての場合、隅角には通し柱が用いられる

④ 壁と床を一体化し、剛性の高い壁式の構造を形成する

枠組み壁構造は北米で開発され日本に導入された木造建築工法であり、1974（昭和49）年に建設省から技術基準に関する告示が公布（オープン化）されました。木製の枠組みに構造用合板などを打ち付けたパネルを、釘打ちや専用の補強金物で接合します。我が国の伝統的な建築のように、部材同士を組み合わせるために、端部に工夫を凝らした加工を施すようなことはしないため、代わりに多種多様な接合用の金物が必要になります。通し柱は存在せず、建方は、通常、基礎・土台→1階床組→1階壁組→2階床組→2階壁組→小屋組の順に行われるのが一般的です。2階床を作った後、それを作業場として2階部分の工事ができるという施工上のメリットがあります。ただし、屋根の施工が最後になるため、雨の多い日本では工事中の床の養生に注意が必要です。

この方法は、組み立てるのに特別の技術を要しないので工期が早くなります。また、耐震性・断熱性・気密性に富み、石膏ボードを張ることによって、火災に対して一定の耐火性能を得ることもできます。断面寸法が規格化された構造用製材（ディメンションランバー）を使用し、2インチ×4インチ（38 mm×89 mm）の枠組材を多用するため、ツーバイフォー工法とも呼ばれます。

日本の2019（令和元）年の木造住宅のうち、枠組壁工法で建てられた割合は20.9％であり、最も多いのは在来軸組工法（76.7％）です。欧米では5〜6階建程度の事務所ビルや共同住宅などでもこの工法によって建築した事例があります。

58 丸太組工法の特徴

丸太組工法の説明として妥当なものはどれでしょうか？

① 壁は丸太を積み上げただけなので、扉や窓などの建具の取り付けに特段の配慮は必要としない

② 大きな断面の木材を使用するため、壁面に大きな開口部をとることは容易である

③ 無垢の木材を多用するので調湿性や遮音性、断熱性に優れている

④ 太い丸太はすぐ火がつきやすいので、市街地の準防火地域での建設は一切認められていない

丸太組工法とは、丸太もしくは多角形の断面の木材を水平に置き、井桁のように組み上げて壁をつくる工法です。日本では、校倉造とよばれ、正倉院が有名です。

丸太組工法の建物は、壁面が丸太そのものであり、丸太の乾燥収縮を繰り返す中で、丸太自体の重さにより壁面が沈下するセトリングと呼ばれる現象が起こります。扉や窓の上部に隙間を設けるなど、壁面の沈下量を考慮した設計・施工が重要となります。また、壁面の高さに対して一定以上の長さを満たすものが耐力壁として認められるため、開口部の幅を大きく取ることは難しくなります。しかし、壁面に無垢の木材を多用するので調湿性や遮音性、断熱性に優れています。

木材は、丸太の状態ではすぐに火がつきにくく、仮に燃えても表面だけが燃えます。2000（平成12）年の建築基準法の告示改正により、丸太組工法による外壁でも防火構造の認定を取得したものは、一定の規模までなら市街地の準防火地域でも建設が可能です。また、準耐火構造でも丸太組工法によって建築することが可能です。

丸太組工法の壁面

59 住宅の断熱性能を高める建材

(正答率54%)

住宅の断熱性能を高めるために用いる木質系の断熱建材はどれで
しょうか？
　①グラスウール
　②インシュレーションボード
　③木片セメントボード
　④ハードボード

　　　住宅の断熱性能を高める方法として、柱間などにグラスウール
　　　やインシュレーションボードを充填し、気密性を確保します。
グラスウールはガラスを繊維状にした無機質系の断熱材で、コストが
安く、燃えにくいことが特徴です。インシュレーションボードはファ
イバーボードの一種で、密度0.35g/cm³ 未満のものを指します。そ
のうちA級インシュレーションボードが断熱用に供されます。

　木質繊維系の断熱材は森林資源の有効活用として注目されていま
すが、品質や価格のバランス、国内における安定供給など課題はあり
ます。特に欧州では技術開発も進んでおり、ドイツやオーストリアで
は利用実績が増えています。

　なお、木片セメントボードは主に屋根野地板、外壁材料として、
ハードボードは主に家具や建築内装、梱包材、自動車用内装部品とし
て用いられます。

オーストリアの一般家庭で在庫されていたイ
ンシュレーションボード

60 家の土台に使用される木材

次のうち、家の土台に使用される木材として最もふさわしいものはどれでしょうか？

①バルサ　③ブ　ナ
②キ　リ　④ヒノキ

土台とは、木造建築の柱の下部にある横材のことで、柱からの荷重を基礎に伝える役割を果たしており、住宅全体の重さが集積されてかかります。そのため、長期に渡ってしっかりと住宅全体の重さを受けとめられる機能が求められます。また、土台は地面に近く、湿度が高いため腐りにくく、シロアリによる食害を受けにくい材料であることも重要です。

そこで、土台に用いる木材としては、強度が高く、耐朽性の高いヒノキやヒバの心材などが主に用いられます。ブナは腐りやすく不向きです。バルサやキリは密度が小さく適しません。ヒノキの心材は赤みがかっており、赤みの外側の白い部分（辺材）よりも腐り難く、シロアリなどの虫も入り難いとされています。そのほか、ヒバやクリも用いられます。

ヒノキやヒバは特別な薬剤処理をしなくても防腐・防蟻効果があるのでそのまま土台に利用できますが、辺材の耐朽性はそれほど高くないので、心材部のみ使用するか、辺材部については防腐・防蟻の保存処理を行うことが望ましいでしょう。最近ではベイツガなどに薬剤を注入した土台も普及しています。

土台用ヒノキ（製材中の材料）

61 木造建築で使用される建材

木造建築における工期の短縮や高い加工精度を得るために、現場施工前に工場などで原材料をあらかじめ機械加工しておくことをプレカットといいます。プレカットに関する説明として妥当なものはどれでしょうか？

① 2018年に着工された木造軸組工法住宅のうち、プレカット工場で木材を加工して使用した割合は20％に満たない

② プレカット工場で加工される通し柱や間柱の規格は、3寸角（90mm）のものが一般的である

③ プレカット機械の高度化により、追い掛け大栓継ぎ、金輪継ぎ、いすか継ぎなどの複雑な継手が多用されるようになった

④ 法律の整備に伴い、住宅の設計や構造計算を意識したプレカット加工用図面を作成する工場がみられるようになった

---

① プレカット工場で加工している比率は93％（2018年）です。

② 柱は3寸5分角（105mm）または4寸角（120mm）が一般的です。

③ プレカットで加工される横架材はアリ継、カマ継が一般的です。

④ プレカット工場には一般的に「構造設計」「木材の加工」「木材の販売」の3つの機能がありますが、建築士法の改正で施主に対して設計の役割分担を重要事項説明しなければならなくなったことをきっかけに、プレカット事業者も構造設計業務に対する意識が高まってきています。また、3階建て住宅や床面積が500m²を超える木造建築物では許容応力度計算等が義務付けられており、構造躯体の加工を担当するプレカット工場でも対応できるところが少しずつ増えてきています。

プレカット加工された構造用木材例

62 人工乾燥材の使用割合

（正答率54％）

日本の製材品出荷量（2019年）に占める、人工乾燥材の割合はおよそどのくらいでしょうか？

①7％　　③46％

②27％　　④86％

人工乾燥材の生産量は1999年の182万m³から2019年の419万m³へと大幅に増加しています。製材品出荷量に占める割合は46％、特に乾燥が求められる建築用材に限ると58％となっています。

木材は乾燥していくと割れ、ねじれや縮みなどの変形をします。乾燥していない木材を未乾燥材（グリーン材）と呼びますが、この未乾燥材を使用した構造躯体は乾燥

スギ人工乾燥材の柱

が進むにつれて構造自体が変形することになります。かつての住宅はこの変形やゆがみを修正する工程が必要となるため、建設に時間をかけていました。しかしながら、最近は着工から竣工まで3〜4カ月と短いことが多いので、このゆがみを修正するプロセスを想定することは困難です。ですから、はじめから変形などの少ない構造用木材を使用することで、建設施工期間の短縮が図られることになります。

決してグリーン材を否定するわけではありませんが、グリーン材を利用する場合は木材がどのように変形するかを想定した使い方と、最終的に歪みを調整するプロセスが必要となります。

このように、現代の建築方法に合っている乾燥木材ですが、あらかじめ乾燥させるためのコストの増大が課題となります。

一方で、ここ数年で乾燥技術も飛躍的に向上してきたといえます。国産材の代表であるスギの乾燥材も増えてきており、また、コスト増についても抑えられるようになってきたといえます。今後の地域材の活用に必要となる乾燥技術は注目されています。

75

63 木材の接合方法

木材の接合方法に関する名称と説明の組み合わせとして妥当なものはどれでしょうか？

① 留めつぎ：板の木端と木端を合わせて接合し、幅の広い板を作る方法

② だぼつぎ：別の材料で作った短い丸棒を、接合する両部材の穴に接着剤をつけて差し込み接合する方法

③ 組つぎ：枠組みや箱組みを作るとき、接合部分をそれぞれ45°に削って組み合わせ木口を外面に現さない方法

④ はぎ合わせ：板材で箱組みを作る方法で、あられ組みとも言う

留めつぎは、枠組みや箱組みを作るとき、接合部分をそれぞれ45°に削って組み合わせ木口を外面に現さない方法です。額縁のフレームどうしの接合に用いられています。

だぼつぎは、別の材料で作った短い丸棒を、接合する両部材の穴に接着剤をつけて差し込み接合する方法です。組立式家具の部材どうしの接合によく用いられています。

組つぎは、板材で箱組みを作るとき、木口端を凹凸加工して組み合わせる方法です。材幅を3等分する三枚組つぎや5等分する五枚組つぎ、さらには材幅を7等分以上したあられ組つぎなどがあります。

はぎ合わせは板の木端と木端を合わせて接合し、幅の広い板を作る方法です。

①留めつぎ

②だぼつぎ

③組つぎ

④はぎ合わせ

64 継手と仕口

(正答率58%)

継手・仕口に関する記述として妥当なものはどれでしょうか？

① 継手の基本形には、相欠き、ほぞ、三枚組がある

② 継手とは、部材同士を繊維平行方向に接合して長手方向に延長することである

③ 仕口の基本形には、殺ぎ、蟻、鎌、竿などがある

④ 仕口とは、金物を用いて接合することをいう

木材接合法のうち、木材同士を機械的に直接接合させる継手・仕口の形状は様々有りますが、その基本形を下図に示します。なお、継手は、部材同士を木材の長さ方向（繊維平行方向）に接合する方法で、仕口は、角度を持って2つ以上の部材を接合する方法です。日本の建築に用いられる継手・仕口の接合部は、接合の完成形において内部に空間が残されません。その特性として、破壊までの変形量が大きく、急激に破壊しないことが挙げられますが、初期剛性や終局耐力が低くなります。そのため、今日一般的な構造物の接合部においては、接着剤や金物による補強が行われる場合も多くあります。

日本では、継手・仕口を工場で加工するプレカット部材の普及率は高く、木造軸組工法住宅の部材のほとんどに使用されています。

<継手の基本形>

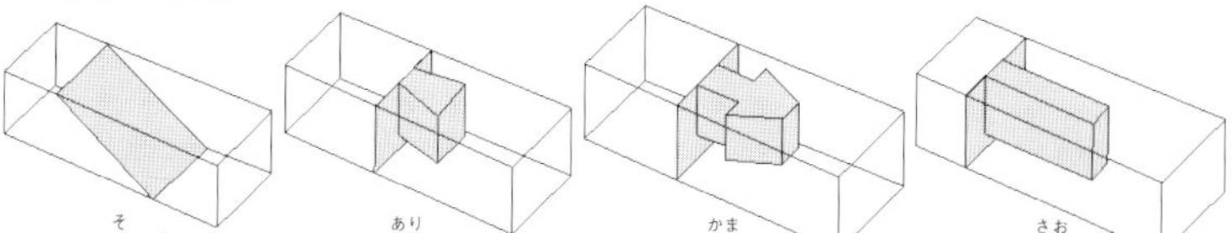

殺ぎ　　蟻　　鎌　　竿

<仕口の基本形>

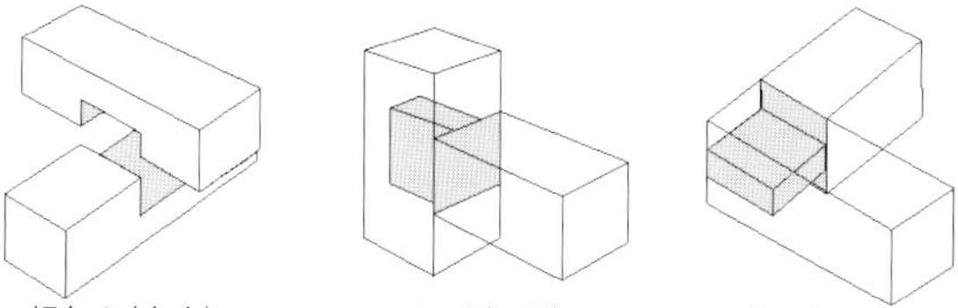

相欠き（十字）　ほぞ（T型）　三枚組（L型）

65 耐力壁の壁倍率

耐力壁とは、水平力や鉛直荷重に対して抵抗する壁のことです。
つぎの軸組工法の耐力壁のうち、最も耐力の大きいと評価されて
いるものはどれでしょうか？

①土塗り壁を片面に設けた軸組

②9cm角以上の木材の筋かいを入れた軸組

③木ずりを柱および間柱の両面に打ち付けた壁を設けた軸組

④径9mm以上の鉄筋の筋かいを入れた軸組

　　　耐力壁とは、水平力（地震力や風圧力）や鉛直荷重（固定荷重、
　　　積載荷重、積雪荷重）に対して抵抗する壁のことです。木質構
造の耐力壁で特に重要な機能は水平力を負担する機能で、耐力壁の
種類によってその性能が異なります。建築基準法施工令第46条と
1981（昭和56）年建設省告示第1100号により、木質構造の耐力壁に
は、耐力壁の長さ1m当り1.96kNの許容せん断耐力を有する壁を倍
率1として、それに対する許容せん断耐力の比率を表す数値である壁
倍率が定められています。桁行方向、梁間方向それぞれにつき、耐力
壁の倍率×耐力壁の長さによって地震力や風圧力に対する壁量計算を
行い、地震力や風圧力に対する必要壁量以上の壁量が存在することを
確認します。

　問題の壁倍率は、①0.5、②3、③1、④1とされています。軸組工
法の場合、9cm角以上の木材の筋かいをたすき掛けに入れた軸組に
は壁倍率5が与えられています。なお、耐力壁は建物に釣合いよく配
置することも重要です。

土塗り壁
（片面：0.5）

木ずり壁
（両面：1.0）

木材筋かい
（9cm角以上：3.0）

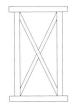
木材筋かい、たすき掛け
（9cm角以上：5.0）

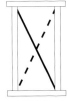
鉄筋筋かい
（径9mm以上：1.0）

木と環境について学ぼう

66 日本の森林面積の変化

日本の森林面積は、最近50年間でどのような変化がみられるでしょうか？

① 急激に減少している　　③ ほとんど変化していない
② 減少傾向にある　　　　④ 拡大傾向にある

日本の森林面積は、1966（昭和41）年で2,475万ha、2017（平成29）年で2,505万haです。よって、森林面積は最近50年間ほとんど変化していません。しかし、日本の人工林面積でみると、約70年前の1951（昭和26）年と比べて、493万haから1,020万haへと約2倍に拡大しています。これは、1950年代半ば以降に、燃料革命によって薪炭林等の天然林を人工林に転換する拡大造林が進められたことに起因します。この人工林の造成は、（1）できるだけ早期に森林を造成することにより国土の保全や水源のかん養を図る、（2）建築用途等に適し経済的価値も見込める、という観点から、成長が早いスギ・ヒノキ等の針葉樹を中心に行われました。一方、人工林が造成されたたものの、木材の需要が激減したことに伴い、人工林蓄積量は、1966（昭和41）年の5.6億m^{3}から2017（平成29）年にはその約5.9倍の33.1億m^{3}に増加しています。近年、「森林が劣化している」と認識されていますが、面積でみれば日本の森林は減っていません。実際に問題となるのは、（1）原生的自然の減少、および大径木の減少、（2）環境悪化による森林衰退、（3）手入れが不十分な人工林の増加などです。

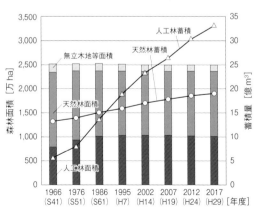

近年50年間にみられる日本の森林面積と蓄積量の変化
出典：林野庁「森林資源の現況」

木力検定

67 森林の年間成長量と木材供給量

日本での国産材供給量（国内で生産される木材（用材）の量）は2017年時点では年間2,953万m³ですが、同じ年の日本の森林が1年間に成長する量（国産材供給量＋森林蓄積量とします）はどのくらいでしょうか？

①国産材供給量と同じくらい　③国産材供給量と3倍くらい

②国産材供給量の2倍くらい　④国産材供給量の5倍以上

日本における国産材供給量は、1967年の5,274万m³をピークに減少傾向で推移した後、2002年の1,692万m³を底として増加傾向にあります。2017年では2,953万m³となっています。

一方、日本人が1年間に使用する木材の量（需要量）は、ピーク時（1973年）では1億1,758万m³でしたが、2017年では8,172万m³でピーク時の7割になりました。木材（用材）の自給率は2017年で（2,953万m³／8,172万m³×100＝）36.1％となり、日本は需要量の6割にあたる木材を海外から輸入していることになります。

では、日本はそのほとんどを輸入材に頼らなければならないほど、木材不足に困っているのでしょうか。日本の森林資源として森林蓄積量の推移を図に示します。過去50年で2.8倍に増えており、2017年には52億4千万m³となっています。2012年からの5年間では3億4千万m³が増加しており、毎年約6,800万m³ずつ蓄積量が増えています。これに木材生産量（2,953万m³）を加えると、国産材供給量の3.3倍の成長量と計算されます。さらに、毎年約2千万m³と言われる未利用の間伐材の量を加えると、日本国内では、毎年、優に1億m³を超える量の森林成長があるといえるでしょう。

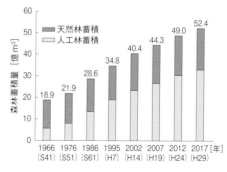

日本における森林蓄積量の推移
出典：林野庁編、令和元年版森林・林業白書

68 保安林のはたらき

日本の森林には、公共の目的を達成するために指定された保安林があります。次のうち、どの目的の保安林の面積が最も多いでしょうか？

①水源かん養　　　③防　風
②土砂流出防備　　④飛砂防備

保安林とは、公益的機能の充実を図るために、立木の伐採や土地の形質の変更などが制限された森林のことで、森林法に基づいて農林水産大臣または都道府県知事によって指定されています。保安林の面積は国土面積のおよそ3分の1に相当するおよそ1,200万haで、その目的と機能により17種類に分類されています。

保安林のなかでも「①水源かん養保安林」は、およそ900万haと国内の森林面積のおよそ36％を占めています。樹木などの植生やスポンジのように水を吸収し蓄える土壌の働きによって、雨水をゆっくりと河川に送り出す機能を備えた森林のことで、洪水の緩和や、河川の流量の安定化、水質の浄化に役立っています。次に広い面積を占めるのは「②土砂流出防備保安林」であり（およそ250万ha）、地表が落ち葉や森林内の植生に覆われていることから、雨水による土壌の浸食や流出を防止しています。また、森林土壌は水を浸透させる能力が高いことから、土壌の表面を流れる雨水の量を減少させ、浸食力を軽減させる役割を果たしています。

一方、風を緩和して私たちに快適な生活環境を提供する森林は、「③防風保安林」に指定されています（およそ6万ha）。耕地や住宅の周辺に帯状の森林が造成されているのは、風から住宅や耕地を守るためです。枝葉のよく生い茂った森林には適度な隙間があり、風が通過した際に弱められ、風上や風下に大きな防風効果をもたらします。また、海岸地域では、吹き寄せる強風が砂を飛ばして砂丘をつくり、それを移動させることによって内陸の家屋や耕地に被害をもたらします。こうした飛砂の害を防ぐ「④飛砂防備保安林」には、およそ2万haが指定されています。

69 森林の多面的機能を評価すると？

森林には木材を生産するほかに、洪水や渇水を緩和し水質を浄化する機能などの公益的機能があります。その恩恵を金額に換算すると、日本では年間いくらぐらいになると評価されているでしょうか？

① 700億円　　③ 7兆円

② 7000億円　　④ 70兆円

森林には洪水や渇水を緩和し水質を浄化する機能、土砂の流出や崩壊を防ぐ機能、安らぎや憩いの場を提供する機能、多種多様な動植物が生息・生育するなど生物多様性を保全する機能、二酸化炭素を吸収し貯蔵する機能などがあり、これらは公益的機能とも呼ばれます。2001年に日本学術会議で、森林の持つ公益的機能を試算したところ、年間約70兆円（702,638億円）と評価されました（表）。ただし、生物多様性保全機能などは貨幣価値に換算できないとされているので、実際の環境価値は試算額を上回る巨大なものといえます。

森林の持つ多面的機能の貨幣評価

森林の持つ機能	評価額
表面浸食防止	282,565億円
水質浄化	146,361億円
水質源貯留	87,407億円
表層崩壊防止	84,421億円
洪水緩和	64,686億円
保健・レクレーション	22,546億円
二酸化炭素吸収	12,391億円
化石燃料代替エネルギー	2,261億円
合　計	702,638億円

日本学術会議答申「地球環境・人間生活にかかわる農業および森林の多面的機能の評価について」（2001年11月）より引用

　ところで、日本国内で使用される木材の多くは外国から輸入されたものです。国産材が消費されないことが、山村や林業家の収入の減少につながり、特に、日本の森林のおよそ4割を占める人工林について、健全な状態に維持・管理する余裕がなくなってきています。このままでは、日本の山林は荒廃の一途をたどり、森林からの恩恵を受けられなくなる恐れがあります。

70 人工林で成長している樹木の年齢分布

2017年現在、日本の人工林では、植林されてから何年経過した樹木が最も多いでしょうか？

　①15年前後　　③45年前後
　②30年前後　　④55年前後

　日本には、国土面積の約3割（森林面積の約4割）にあたる約1千万haの人工林があります。現在、この人工林で成長している樹木の年齢（樹齢）は、図に示す人工林の樹齢別面積から50歳代が最も多いことがわかります。人工林の年齢を若齢、壮齢、高齢で分けるとすると、40歳代の人工林は、資源として利用できる時期を迎えた壮齢林と言えます。さらに今後は、資源として本格的に利用できる50年以上の高齢林の占める割合が急速に増加すると予想されます。その一方で、若齢林は非常に少ないという現状にあります。

　このように日本の人工林は、既に資源利用できる樹木がたくさん育っていますが、実際には国産材需要の低迷から、間伐等の整備がなされていない荒れた人工林も多く残されています。また、採算性の問題から間伐材が林地に放置されたまま利用されていない実態も見受けられます。さらに、伐採後に植林されない林地があるなど、若齢の林が非常に少なく、持続的な資源の供給も危ぶまれます。

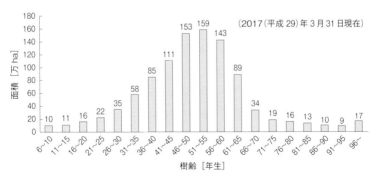

人工林の樹齢構成
出典：林野庁編、令和元年版森林・林業白書

71 食物連鎖における樹木の役割

食物連鎖の関係の中で、樹木はどんな役割を担っているでしょうか？

①生産者　　③分解者
②消費者　　④生産者、分解者、消費者の全て

食物連鎖とは、生物群集内での生物の捕食（食べる）・被食（食べられる）という観点から、それぞれの生物群集における生物種間のつながりを表した概念です。この中で樹木は、生産者の役割を担っています。生産者は、光エネルギーを利用して光合成を行い、空気中の二酸化炭素と水とを反応させて有機物のデンプンや糖などの炭水化物を作り出し、それに窒素を加えて反応させてタンパク質を作り出しています。

その植物体を食べるのが消費者の草食動物です。草食動物は、植物からタンパク質を得るために、胃や腸内に特定の微生物を共生させるなどの工夫をして、セルロースの固い植物細胞壁を壊して栄養を獲得しています。その草食動物を食べるのが肉食動物です。肉食動物は、肉などのタンパク質はもちろんのこと、植物に含まれるビタミン類などの栄養素も草食動物の内臓から得ています。

それらの動植物の遺体や老廃物などを食べるのが、土壌中にすむ微生物や菌類などの分解者です。分解者は、動植物が生産した有機物を無機化しています。

このような生物間のつながりでエネルギーが循環されることによって、健全な生態系が維持されています。無機物を有機エネルギーに変える生産者は、とりわけ重要な役割を果たしています。

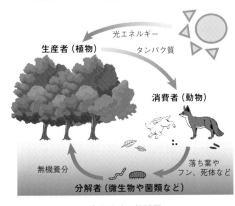

食物連鎖の相関図

(正答率67%)

里山に関する記述として妥当なものはどれでしょうか?

① 里山は生物多様性に富んだ生態系なので、人が手を加えない方がよい

② 里山は雑木林ともいわれ、生えている木にはさほど利用価値がない

③ 里山は住民共有の財産なので、誰でも自由に利用できる

④ 里山にはスギ等の植林地も含まれ、木材を生産する場としても利用される

里山は、集落を取り巻く二次林や人工林などにより構成され、ヒトと自然との調和的な関係のもとに維持されてきました。ため池や水路、草地などを含めて里地里山とも呼ばれます。希少種が集中して分布している地域の5割以上が里地里山に含まれています。里山は人工的につくられた森林なので、人が手を加えないと荒れてしまい、生物多様性が失われることが懸念されます(①解説)。里山に生える木は、用材や薪炭材、キノコの原木として利用されています(②解説)。かといって、里山には私有地も含まれるので勝手に利用することはできません(③解説)。

この里山が生み出す生物多様性と伝統的な自然との調和は、世界的に高く評価されています。2010年10月に名古屋市で開催された生物多様性条約第10回締約国会議(COP10)では、日本の活動をモデルとして自然共生社会の実現をめざす「SATOYAMAイニシアティブ」が採択されました。これは、「生物多様性の保全」と「持続可能な利用」の両立を目指す取組みで、土地や自然資源の利用・管理のあり方に関する長期目標や行動指針、ならびに各地域の実情に応じた手順や方法を提唱するものです。この提案には、多くの国々や多様なセクターが参加し、世界の各地域で展開が図られています。日本のSATOYAMAは、今や世界の標準語となっています。

73 フィトンチッドの効果

(正答率31%)

「フィトンチッド」は、植物が出す癒しや安らぎをもたらす香り成分のことで、2つの言葉からなる造語です。この言葉の意味は次のどれでしょうか?

① 植物が癒す　② 植物が守る　③ 植物が殺す　④ 植物が語る

「フィトン」は植物、「チッド」は殺す能力という意味です。フィトンチッドは、植物が出す殺菌、殺虫作用などをもつ揮発性物質です。1930年頃、ロシアの発生学者トーキンによって提唱されました。狭義には「樹木が発散する揮発性物質(テルペン類)」を意味しますが、一般には「植物が二次的に代謝*する生物活性物質の総称」という意味で使われています。

植物がフィトンチッドを出す本来の目的は、(1)植物が自分の葉や幹を虫などに食べられないこと(摂食阻害作用)や、(2)他の植物との競争に勝つための毒素を出すこと(成長阻害作用)、(3)傷ついたときに腐敗しないように病害菌から身を守ること(殺菌・除菌作用)などです。しかし、植物由来の刺激によって、生理的リラックス状態をもたらす効果が確認されており、人の免疫能を向上させる森林セラピーの一因としても利用されています

フィトンチッドの効能は私たちの身近な生活にも生かされています。例えば、ヒバやヒノキ、スギを建築材料として用いれば、それらが放つフィトンチッドによって、カビやダニの発生を抑えてくれます。ほかにも、クスノキで作ったタンスには防虫効果があり、桜餅や柏餅に用いる葉には抗菌性物質が含まれています。普段の生活では気が付きませんが、フィトンチッドは私たちの暮らしに大きな恩恵をもたらしています。

* 代謝:生物が生命維持のために必要な物質を体内に取り入れ、不要になった物質を体外に排出すること。

摂食阻害作用
殺菌・除菌作用
リラックス効果

フィトンチッドのイメージ

74 木材利用による炭素循環

(正答率68%)

京都議定書において、木材を燃やすことにより放出される二酸化炭素は、樹木の成長過程で大気中から吸収されたものであることから、大気中の二酸化炭素濃度に影響を与えません。この特性を何と言うでしょうか?

①サステイナビリティ　　③カーボンニュートラル
②ウッドマイレージ　　　④リサイクル

木材を燃焼すると二酸化炭素(CO_2)が放出され、大気中の二酸化炭素濃度が高まります。しかし、元をたどれば植物の成長過程において光合成により大気中から吸収したものです。そのため、総合的に見れば、ライフサイクルの中では大気中の二酸化炭素を増加させません。この特性を称して「カーボンニュートラル」といいます。木材以外にも、植物由来であるバイオマス燃料(バイオエタノールなど)を燃焼したときに排出される二酸化炭素も、植物が成長する上で吸収されたものであり、カーボンニュートラルであるといえます。

日本が地球温暖化の防止に向けて「京都議定書」で掲げた目標は、1990年の温室効果ガス排出量を基準として2008年から2012年の約束期間中に年平均で6%削減することでした。そのうち3.8%は森林整備等による森林吸収源によって削減するとしていました。カーボンニュートラルの考え方により、植物由来のバイオマスが放出する二酸化炭素はこの目標数値に影響を与えることはありません。

なお、①サステイナビリティとは、持続可能性のことで、エネルギー消費量の少ない住宅は「サステイナブル住宅」と呼ばれています。②ウッドマイレージは、木材の量(m^3)にその木材の輸送距離(km)を掛け合わせたものです。④リサイクルは、不要になった製品を再資源化し、新たな製品の原料として利用することです。

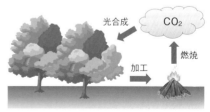

カーボンニュートラルにおける炭素循環のイメージ

75 カーボンオフセットとは？

カーボンオフセットの説明として妥当なものはどれでしょうか？

① 温室効果ガスを水準よりも多く削減した場合に取引が可能となる排出枠のこと

② 温室効果ガスの削減に努めながらも、排出してしまった量を、温室効果ガスの削減活動に投資すること等により埋め合わせること

③ 風力発電や太陽光発電などの自然エネルギー由来の電気の買い取り制度のこと

④ 商品の製造から廃棄までの過程に排出される二酸化炭素などの温室効果ガスの量をたどり、算定すること

カーボンオフセットとは、市民、企業、NPO/NGO、自治体、政府等の社会の構成員が、（1）自らの温室効果ガスの「排出量を認識」し、（2）主体的にこれを「削減する努力」を行うとともに、（3）削減が困難な部分の排出量について「他の場所で実現した温室効果ガスの排出削減・吸収量等（クレジット）を購入」すること、又は（4）「他の場所で排出削減・吸収を実現するプロジェクトや活動を実施」すること等により、その排出量の全部又は一部を埋め合わせることをいいます。

なお、①はカーボンクレジット、③はRPS法、④はカーボンフットプリントに関する説明です。

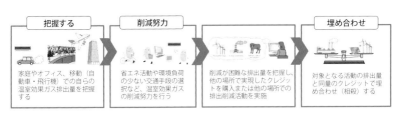

把握する	削減努力		埋め合わせ
家庭やオフィス、移動（自動車・飛行機）での自らの温室効果ガス排出量を把握する	省エネ活動や環境負荷の少ない交通手段の選択など、温室効果ガスの削減努力を行う	削減が困難な排出量を把握し、他の場所で実現したクレジットを購入または他の場所での排出削減活動を実施	対象となる活動の排出量と同量のクレジットで埋め合わせ（相殺）する

カーボン・オフセットのステップ
環境省、平成21年度カーボンオフセット白書

76 スギ花粉

次のうち、スギの花粉を運ぶ役割を果たすものはどれでしょうか？

①昆　虫　　③風
②動　物　　④水

　スギの花粉は風によって運ばれます。このような散布形式の植物を風媒植物といいます。花粉の大きさは直径30～40μm程度で、付着する性質はなく、風に運ばれやすいのが特徴です。この性質のため非常に多数の花粉が空中に浮動し、しばしばある種の花粉が花粉症を引き起こします。

　スギ花粉症は、1955（昭和30）年代後半に最初の症例が報告されて以降、患者数が増加傾向にあります。2008（平成20）年に行われた「鼻アレルギー全国疫学調査」によると、花粉症を有する人の割合は約3割に上ると報告されています。

　花粉症の対策は国民的課題であり、関係省庁が連携して、発症や症状悪化の原因究明、予防方法や治療方法の研究、花粉の発生源に関する対策などが、総合的に進められています。例えば、花粉発生源対策として、花粉症対策苗木の生産量の増加が図られ、無花粉スギの品種開発を加速化するための技術開発、少花粉スギ等の種子を短期間で生産するミニチュア採種園の整備、苗木生産の省力化技術の導入等が行われています。このような取組みにより、少花粉スギ等の花粉症対策苗木の生産量は、2005（平成17）年度の約9万本から2018（平成30）年度には1,097万本へと100倍以上に増加し、全スギ苗木生産量（2,118万本）に占める割合は51.8％となりました。

【現在】
花粉

居住地へ

花粉の少ない森林への転換
（少花粉スギや広葉樹を植栽）

【転換後】

林野庁編、平成22年版森林・林業白書を改変

77 松枯れの原因とは？

全国的に拡大した松枯れは、主として何が原因となって引き起こされたのでしょうか？

① 海水による塩害　③ 虫　害

② 酸性雨　④ 雨不足

松枯れは、松くい虫被害とも呼ばれ、マツノマダラカミキリにより運ばれた体長1mmの線虫である「マツノザイセンチュウ」が、マツ類の樹体内に侵入することによって引き起こされる樹木の伝染病（マツ材線虫病）です。2019年度の林野庁の調査によると、北海道と埼玉県を除く45都府県にて被害が報告されています。

日本では、1905年頃に長崎で初めて確認されました。全国の松くい虫被害量（材積）は、1979年度の243万m³をピークに減少傾向にあります。2019年度には約30万m³とピーク時の8分の1程度まで減少しましたが、年によって被害は変動し、依然として日本の森林病害虫被害の中では最大の被害となっています。近年では、高緯度、高標高地域など従来被害がなかったマツ林で新たな被害が発生しています。特に東北地方は、全国の被害の割合の3割程度を占めており、被害発生地域の北上が確認されています。

マツ林は、木材生産や海岸における防風、飛砂防止などの役割を果たすほか、松島や天橋立など、日本各地ですばらしい景観をつくり出しています。林野庁では、松くい虫被害の拡大を防止するため、1950年に施行された森林病害虫等防除法に基づき、都府県と連携しながら、公益的機能の高い保全すべきマツ林等を対象として、薬剤散布や樹幹注入等の「予防対策」や被害木の伐倒くん蒸等の「駆除対策」を実施しています。また、松くい虫に強いマツの抵抗性品種が開発され、各地で苗木の植栽が進められています。

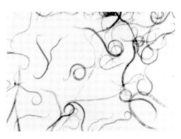

マツノザイセンチュウ
（藤澤義武氏提供）

(正答率46%)

次のうち、国の森林面積（2020年）を広い順に並べたものはどれ
でしょうか？

① 1位ロシア　2位ブラジル　3位カナダ　4位米　国　5位中　国

② 1位ブラジル　2位カナダ　3位中　国　4位米　国　5位ロシア

③ 1位カナダ　2位ブラジル　3位中　国　4位米　国　5位インド

④ 1位ブラジル　2位中　国　3位米　国　4位カナダ　5位ロシア

森林の定義は国によって異なりますが、2020年世界森林資源
評価（FAO）によれば、森林は「5m以上の樹木が0.5ha以上
を覆い、林冠の占める面積割合が10％以上の領域。農地や都市は含ま
ない」と定義されています。この定義に従うと、世界の森林面積は約
40.6億haとされ、陸地面積の31％を占めます。各国の森林面積の割
合は下記の円グラフの通りです。

2020年時点で世界に236の国と地域がある中、上位5カ国が世界
全体の森林面積の半数以上を占めています。日本は23位（24,935千
ha）です。地域別にみると、ヨーロッパ（ロシアを含む）が全体の25％
を占め、次いで南米（21％）と北米（18％）が続きます。

なお、カタールやジブラルタルなどの8の国および地域は森林を有
していません。

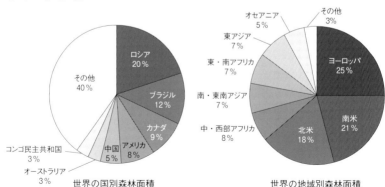

世界の国別森林面積
FAO（2020）を基に作図

世界の地域別森林面積
FAO（2020）を基に作図
（注：四捨五入した数値のため、
合計は100％にならない）

木力検定

79 世界の森林減少と森林伐採の理由

世界の森林面積は減少を続けています。1年間（2010～2020年の平均）に世界で減少している森林面積（ただし植林等による増加分は考慮しない）は日本の森林面積に比べどの程度でしょうか？

　①約10分の1　②約5分の1　③約2分の1　④ほぼ等しい

　　　世界の総森林面積は約40.6億haで、陸地面積の31％を占めています。他の用途への転換や自然災害によって減少を続けています。国連食糧農業機関（FAO）は、「2020 年世界森林資源評価」において、2010年から2020年の間に、年間約1,100万haの森林が減少したと報告しています。これは、約2年間で日本の全森林面積が消失する量に相当します。地域別では特にアフリカと南米が深刻のようです。各国での意欲的な造林計画と一部地域での森林の自然増加を加味しても、年間約470万haの面積が純減少した計算になります。

　しかし、森林伐採は、林業目的によるものばかりではありません。むしろ、そのほとんどは、農地化や都市化による土地利用の変化によるものです。林業目的で行われる商業伐採による森林減少は全体の3％と報告されていますが、商業伐採が焼き畑など森林の大規模破壊の引き金になることも指摘されています。「森林保護（環境保護）⇔開発」は、さまざまな利害が絡む複雑な問題のようです。

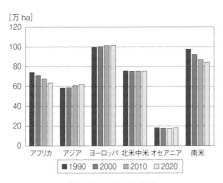

地域別森林面積の推移
国連食糧農業機関（FAO）2020年発表

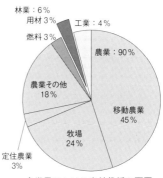

全世界における森林伐採の要因
奥山剛：アマゾンの熱帯森林の現状
（1998）を基に作図

80 日本の森林率

次のうち、森林率（国土面積に対する森林面積の割合）が最も高い
国はどれでしょうか？

①ドイツ　　②ブラジル　　③日　本　　④カナダ

日本の森林面積は約2,494万haで、国土面積の約66％を占めており、日本はOECD加盟国ではフィンランドに次いで世界第二位の森林大国といわれています。ドイツ、ブラジル、カナダの森林率は、それぞれ32％、58%、35%です（表：FRA2020より）。

日本の森林面積は、過去50年間ほとんど増減はありません。しかし、森林中の樹木の体積である森林蓄積は、年々着実に増加しており、全体で50年前の約2.8倍に増えています。特に、戦後の拡大造林で植林した人工林での蓄積増加が著しく、約5.9倍に増大しています。最近（2012〜2017年）の森林蓄積の年間増加量は約6,800万m^3と推定されています。一方、日本が海外から輸入した木材の量は2017年で5,219万m^3であり、森林蓄積の増加量を下回っています。すなわち、量的には、日本人が消費する木材をすべて国産材によって賄うことが出来る計算になります。しかし、一言に「樹」と言っても『十樹十色』……様々な性能を持つ木材がありますから、国内で入手しにくい樹種は輸入によって調達する必要があります。

日本では、森林保全の観点からも、国産材を積極的に使用することは何ら差し支えありません。商業伐採を控えて森林を保護し、植林によって森林回復しなければならないのは外国（主に熱帯林）の事情であり、これらを混同してはいけません。森林の多面的機能を維持する観点からも、日本では、外材への依存を縮小し、成熟した日本の森林を活かすべき時代なのです。

表　各国の森林面積と森林率（2020年）

	森林面積（千ha）	森林率（%）
ドイツ	11,419	32.0
ブラジル	496,620	58.3
日本	24,935	66.0
カナダ	346,928	34.7
フィンランド	22,409	66.3

出典：FRA（2020）、森林率算出のための国土面積の
データは外務省ホームページより引用した

木力検定

81 森林認証制度のマーク

持続可能な管理がなされた森林で生産された木材であることを証明するマーク（森林認証制度のマーク）はどれでしょうか？

①
グリーンマーク

②

③
現代は緑を育てる保育園

④
ちきゅうにやさしい

最近、いろいろな製品にリサイクルや省エネなどに関係するラベルやマークがついているのを見かけます。これは環境ラベリング制度といって、環境の保全や環境負荷の低減に役立つ商品や取組みを推奨するために設けられた制度で、現在ではISO（国際標準化機構）の14020によって運用規定が定められています。森林認証制度のマーク（SGECマーク）もその一つで、「（一社）緑の循環認証会議」（SGEC／PEFCジャパン：Sustainable Green Ecosystem Council）が運用するものです。同会議では、日本の森林管理のレベルを向上し、豊かな自然環境と持続的な木材生産を両立する健全な森林育成を保証するとともに、加工・流通過程において認証された森林からの林産物を分別・表示管理し、消費者に提供するシステムとして「SGEC森林認証」、「認証林産物流通（分別・表示）」の認定事業を進めています。

SGEC森林認証では、「生物多様性の保全」、「土壌及び水資源の保全」、「森林生態系の生産力及び健全性の維持」など、持続的な森林管理の考え方に基づく7基準35指標をもとに評価されています。また、認証された森林から伐採された丸太や製材された製品は、「森林認証材」としてSGECマークを表示され、住宅などに用いられています。ただし、森林認証材を扱うことができるのは、加工、流通、販売、設計、建築まで、森林認証材を扱うすべての業種が認定された事業体のみとされ、非認証の木材と混在しないように、徹底した分別管理が求められています。

なお、①はグリーンマーク、③は間伐材マーク、④はエコマークです。

82 森林経営・森林整備への貢献

京都議定書第一約束期間(2008〜2012年)による日本の温室効果ガス排出削減義務のうち、何%を森林などの二酸化炭素吸収源によってまかなったでしょうか?

① 1.8%　　③ 5.8%
② 3.8%　　④ 7.8%

京都議定書の発効によって、日本は2012年までに基準年比で6%の温室効果ガス排出を削減しなければなりません。京都議定書の第3条3項および4項では、1990年以降に「新規植林」、「再植林」、「森林経営」された森林などの吸収源による二酸化炭素吸収量を削減目標に算入することを認めており、日本は、削減義務6%の内の3.8%に相当する1,300万炭素トン分を森林吸収源によって削減することを選択しました。新たな森林造成の可能性が限られている日本では、この手段として「森林経営」しかありません。そのため、精力的な森林施業(更新、保育、間伐、主伐など)が必要となります。そこで、2008年5月には「森林の間伐等の実施の促進に関する特別措置法(間伐促進法)」が公布・施行されるなど、保安林や水源林はもちろん、経営が放棄された森林を含む、日本の森林管理を促進する法整備も進められました。その結果、森林吸収源対策では3.8%の吸収量を確保し、京都議定書第一約束期間(2008〜2012年)の削減目標を達成しました。

また、森林には木材等の生産機能だけではなく、水源のかん養、土砂流出の防止、大気の保全など様々な公益的機能が認められています。これらの機能の評価額は年間70兆円になると試算されています。

森林の公益的機能を維持し、二酸化炭素の吸収源を確保するためには、行政による計画的な「森林整備」をもとに、伐採された木材が利用されることによって、森林を舞台とする「林業」「林産業」が経済産業活動として機能することも重要です。

83 樹木は二酸化炭素固定装置

木材に含まれる炭素は、樹木が成長するときに吸収されたものです。どこにあった炭素を吸収したのでしょうか？

①土の中　　③水の中

②空気の中　　④日光の中

地球上の炭素は、気体になったり、固体になったりします。気体から固体への変換（二酸化炭素の吸収固定）は、海洋への溶解、森林やその他生態系による吸収が主です。

樹木は、CO_2（二酸化炭素）が約1.5kg、H_2O（水）が約300g、日射エネルギーが約3,760kcalあれば、光合成によって、約1kgの$C_6H_{12}O_6$（炭素化合物＝ブドウ糖）を生産します。気体（CO_2）のCが固体（$C_6H_{12}O_6$）のCに変換されるのです。その際、副産物として約1kgのO_2（酸素）が空気中に放出されます。ただし、生産されたブドウ糖の約半分は、樹木が生命活動を維持するための呼吸によって消費されて、再び二酸化炭素として放出されます。従って、上記によって実質約0.75kgの二酸化炭素量が固定され、これが幹、枝、根などになります。すなわち、木材とは、大気中の二酸化炭素が、太陽エネルギーによって、セルロースやリグニンという形に変化し、蓄積されたものです。言わば、樹木とは「二酸化炭素固定装置」であり、木材とは「炭素のかたまり」なのです。

樹齢80年のスギ1本が一年間に吸収する二酸化炭素は約14kgと試算されています。人が呼吸によって排出する二酸化炭素は年間約320kgですから、23本のスギがこれを吸収してくれる計算になります。

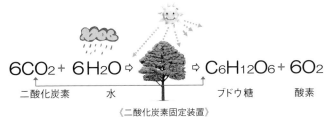

$$6CO_2 + 6H_2O \Rightarrow \quad \Rightarrow C_6H_{12}O_6 + 6O_2$$

二酸化炭素　　　水　　　　　　　　　ブドウ糖　　　酸素

《二酸化炭素固定装置》

84 木材に含まれる炭素

木材に含まれる炭素は、樹木が成長するときに吸収されたものです。木材に含まれている炭素の重さは木材の重さの約何％でしょうか？

①5％   ③50％

②25％   ④75％

木材の元素組成は炭素（C）50％、水素（H）6％、酸素（O）43％、その他1％です。すなわち、木材は10％程度の水分を含んでいますので、水分を取り除いた重量（全乾重量）の約半分は炭素です。

木材製品として使用されている期間、すなわち、燃えたり、腐ったりするまでの間は、樹木が固定した炭素を保管し続けています。すなわち、木造住宅や木材製品は、地球の炭素循環において炭素貯蔵庫としての重要な役割を担っているのです。京都議定書第二約束期間（2013〜2020年）では、木材中の炭素貯蔵効果が評価されることになりました。

日本全国の住宅に使用されている木材に貯蔵されている炭素量は約1億4,000万トンと概算されています。これは国土の3分の2を占める森林に貯蔵されている炭素量（7億8,000万トン）の約18％にも及びます。その内訳は、木造住宅が1億2,859万トン、非木造住宅が1,234万トンであり、炭素貯蔵量としての木造住宅の価値が評価されます。

天然林など極相状態となった森林では、成長する樹々は二酸化炭素の吸収をしていますが、呼吸や枯死木の腐敗によって二酸化炭素を排出しているため、実質的な炭素の吸収固定機能はありません。その森林の炭素循環における役割は炭素貯蔵のみです。同様の働きをする木造住宅は、まさに『都市の森林』と言えます。

木造住宅は炭素の保管庫

85 地球温暖化の抑制

地球温暖化を抑制するには何をコントロールすることが重要でしょうか？

①炭　素　　②酸　素　　③窒　素　　④水　素

二酸化炭素などの温室効果ガスの増加によって地球温暖化が進行しています。温室効果ガス排出の主な要因は、化石燃料の大量使用（石油換算で約64億炭素トン／年）と土地利用変化による森林減少（約1,300万ha／年、約16億炭素トン／年）と考えられています。地球温暖化を抑制するには、地球の炭素循環をコントロールすることが重要です。地球の炭素は、大気中、海洋中、土壌中、地上（森林などの生態系や木質製品）に、有機物、無機物として存在し、これらの間を循環しています。また、それぞれの環境が炭素の貯蔵庫としての役割を担っています。

そのため、森林が伐採されると、植物による二酸化炭素の吸収源が減少するばかりでなく、植物中や森林土壌中に貯蔵されていた炭素が二酸化炭素やメタンガスとして大気中に放出されます。

地球全体が保有する炭素の総量は一定ですので、大気中に気体として存在する炭素の割合が増えること、すなわち、固体の炭素が少なくなることが、地球温暖化の原因となるのです。

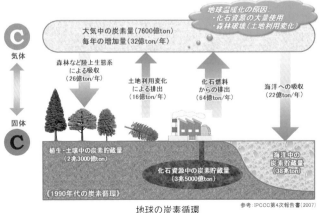

地球の炭素循環

参考：IPCCC第4次報告書（2007）

86 京都議定書における CO_2 吸収源の対象

森林による二酸化炭素吸収量のうち、京都議定書において計算の対象とされないものはどれでしょうか？

① 再植林地（過去に植林地だったが、1990年時点で非植林地となった土地へ再び植林した場所）

② 経営が放棄された森林

③ 新規植林地（過去50年間、ずっと森林がなかった土地に植林された場所）

④ 適切に整備されている森林

京都議定書では、日本の温室効果ガスの排出量を1990年比で6％削減するという国際公約の中で、その削減量の3.8％にあたる1,300万炭素トンを「森林の二酸化炭素吸収」により達成する計画を立てました。ここでいう森林とは、日本中のどこの森林でもよいというのではなく、正確には「1990（平成2）年以降に人為的活動（「新規植林」、「再植林」、「森林経営」）が行われた森林」を意味し、そこでの吸収量だけが、削減目標の達成のために算入可能とされました。

しかしながら、日本は国土の約7割をすでに森林が占めており、これから新たに森林にできる土地（「新規植林」・「再植林」の対象地）はほとんどありません。そこで期待されているのは、間伐などの適切な森林管理を行い、二酸化炭素を効率よく吸収してくれる元気な森、つまり持続可能な「森林経営」が行われている森林を広げ、確保することです。具体的には、目標の1,300万炭素トンに対して、2007年度〜2012年度の6年間に合計330万haの間伐が計画され、同期間に325万haが実施されました。

表　吸収源となる森林の種類

吸収源として認められる森林	対象となる場所の利用状況			日本の現状
	50年前	1990年	2012年	
1. 新規植林地	森林以外	森林以外	森林	対象地少ない
2. 再植林地	森林	森林以外	森林	対象地少ない
3. 適切に整備されている森林	森林	森林	森林	対象地多い

木材と社会との
つながりについて学ぼう

87 日本書紀と適材適所

日本書紀の宝剣出現の条の中の素戔嗚尊(すさのおのみこと)の言で、「胸毛を抜いてばらまいて」生えてきた木で、現在でも寺社建築に多く利用されているものはどれでしょうか？

①スギ　　②ヒノキ　　③マキ　　④クス

日本書紀の宝剣出現の条の中の素戔嗚尊(すさのおのみこと)の言に「鬚髯(ひげ)を散じて杉と成し、胸毛を散じて桧と成し、尻毛(しりげ)を被(まき)とし、眉毛を橡樟(くす)とし、杉と橡樟の両樹は浮宝(うきたから)の、桧は瑞宮(みずのみや)の、被は奥津棄戸(おきつすたえ)の用材とせよ。」との記述があります。これは、素戔嗚尊がヒゲや胸毛等を撒き散らしスギ、ヒノキ、マキそしてクスノキの4樹を生み、そして"スギとクスノキは船に、ヒノキは宮殿に、そしてマキは棺に用いよ"と呼びかけたことを意味しています。

船の材料として、樟脳成分により耐朽性のあるクスノキや、通直な大径長大材が得やすく、軽くて曲げやすいスギを用いること。宮殿の材料として、耐朽性に優れ、特有の香りと美しい木肌のヒノキを用いること。そして、土中に埋める棺として、耐水性に優れたマキを用いること。これらの選択は、同じ木材でも各樹種の特性に応じた使い分けとして理にかなっていて、まさに「適材適所」の語源を示すものと言えるでしょう。

「適材適所」とは、「人の能力・特性などを正しく評価して、ふさわしい地位・仕事につけること(大辞林)」というように、よく人事的な面で用いられることが多いようですが、もともとは上述のように木材の利用方法に関する言葉です。

木材は樹種により様々な特性を持っていますが、同じ樹種でも育った環境によって、また同じ1本の丸太から製材した材料でも取った位置や取り方によっても特性が異なります。日本は豊富な森林に恵まれており、人々は古くから針葉樹や広葉樹などさまざまな木材を日用品、家具および建築などに利用してきました。日本書紀が成立したのは8世紀とされていますが、このように古い時代から木材の使い方を熟知していた日本人はすごいと思いませんか。

88 日本の歴史的木造建築物

次のうち、世界で一番大きい（容積が世界最大）歴史的木造軸組建築物はどれでしょうか？

① 東本願寺御影堂　　③ 東大寺大仏殿
② 法隆寺西院伽藍　　④ 東寺五重塔

　　　　日本は、世界から「木の文化」の国であると思われているようです。確かに、世界最古の木造建築（法隆寺西院伽藍）をはじめ、木造軸組建築では容積が最大（東大寺大仏殿）、建築面積が最大（東本願寺御影堂）、高さが最高（東寺五重塔）の歴史的建築物があるなど、日本人は巧みな木材の利用で独特の「木文化」を築いてきました。

東大寺大仏殿

　東大寺大仏殿は、奈良時代の752年に完成し、創建当初は正面11間、側面7間という壮大な建築物でした。このとき、木津川、宇治川、比良山脈や野洲川流域から搬出された口径3尺5寸、長さ百尺の木材が84本使用されました。ところが、1180年に源平の乱により焼失します。

　1195年に再建を果たしますが、畿内には木材資源を求めることができず、周防国（山口県）から木材が搬出されました。ところが、またしても1567年に松永久秀の乱により焼失しました。

　現在の東大寺大仏殿は江戸時代の1709年に復興されたもので、正面を7間とし、建築規模は3分の2になりました。真柱の周囲に捌木（はねぎ）を重ねて寄せ合わせ、鉄の胴輪で締められた合成材が使用されています。梁は九州の霧島山から搬出されたアカマツの大木2本が使用されています。

　寺社建築のみならず、戸建住宅の8割以上が木造ですから、現在もなお、木材は重要な建築材料であると言えます。

89 木材消費量の今昔

現在（2018年）の日本の木材需要量は、1955年と比べると、おおよそ何倍になっているでしょうか？

  ① およそ0.5倍（半分）に減少している

  ② ほとんど変わらない

  ③ およそ1.3倍に増加している

  ④ およそ4倍に増加している

日本の木材需要量（注）は、1955年では65,206千m³でした。1973年の第一次オイルショック前や1991年のバブル景気が崩壊する前後では、110,000千m³を上回りましたが、その後の新設住宅着工戸数の減少等の影響から2018年では82,478千m³となっており、国民一人あたりの木材消費量は約0.65 m³です。

ところで、最も変わったのは、日本で消費されている木材の生産地かもしれません。用材（製材用、パルプ・チップ用、合板用、その他用）の自給率は、1955年では94.5％でしたが、2018年では36.6％にまで減少しています。私たちが消費する木材のおよそ6割は外国から輸入された木材となっているのです。

日本にとって数少ない資源の一つである森林資源や木材の使い方を見直す時期が来ています。これまでの市場メカニズムや経済合理性ばかりを優先する時代ではないのかも知れません。

（注）木材需要量：日本に供給される木材の総量（丸太換算）で、そのほとんどが
    国内で消費されています。

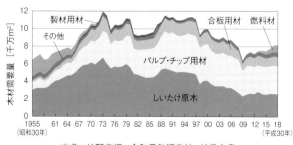

出典：林野庁編、令和元年版森林・林業白書

90 木材の用途

2018年現在、日本における木材の用途として最も多いものはどれでしょうか？

①製材用　　③パルプ・チップ用
②合板用　　④しいたけ原木用

2018年の日本の木材需要量は8,248万m³、日本国民一人あたりおよそ0.65m³です。その内訳は、パルプ・チップ用が39％、製材用が31％、合板用が13％、しいたけ原木用が0.3％などとなっています。かつては、旺盛な住宅需要が下支えをし、日本の木材需要の多くは製材用でしたが、1973年の6,747万m³をピークに減少し、1990年代初めには一時増加しましたが1996年以降は減少傾向に転じ、2018年は2,571万m³です。2009年には、新設住宅着工戸数が79万戸と42年ぶりに100万戸を割り込み、その後徐々に回復し2018年は94万戸（そのうち木造住宅は54万戸）となっています。合板用材についても、製材用材とほぼ同様の需給傾向にあります。

一方で、パルプ・チップ用材の需要量は戦後から増加傾向を示し、1995年の4,492万m³がピークでした。以後は緩やかに減少していますが、1998年にその需要量が製材用途を上回り、2018年には3,201万m³となっています。（問89のグラフを参照）

2018年の紙（コピー用紙など）・板紙（段ボールなど）の生産量は2,606万トンです。紙は輸出入の量が相対的に少なく、ほぼ全量が国内消費されており、日本国民一人当たりの紙の使用量はおよそ200kgです。ところで、これらの紙の原料となるパルプ生産に利用されるチップのおよそ3割が国産チップ、7割が輸入チップです。日本は、パルプ・チップをベトナム、オーストラリア、チリ、米国、ブラジル、南アフリカ、カナダなどの国々から輸入しています。

91 間伐材の利用

間伐材を説明している内容で、最も妥当なものはどれでしょうか？
① 樹齢30年以下の低質材
② 直径10〜20cm程度の小径木
③ 曲がりや傷のある丸太
④ 森林整備の過程で間引かれた木材

間伐材とは、成長の過程で過密となった立木の一部を抜き伐りし、立木の密度を調整する間伐作業によって生産された木材です。間伐材を原料とした製品（例えば、封筒や割り箸など）には、「間伐材マーク」を貼付することができます。マークの使用に関しては、全国森林組合連

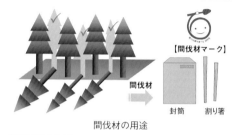

【間伐材マーク】

間伐材

封筒　割り箸

間伐材の用途

・割り箸　　　・封筒　　　・机などの家具
・清涼飲料水の容器　　　・携帯電話の外装
・道路標識の支柱　　　・ガードレール
・間伐材の再生紙を利用したファイルなどの文房具
・木質バイオマス発電の燃料となる木質チップ　など

合会が設置する間伐材マーク認定委員会からの認定が必要となります。

　間伐材は、1970年代までは建築現場の足場材や木柵の材料などに用いられていましたが、アルミニウム製の単管足場などの普及により需要が低迷しました。2000年代になると、森林整備を支援する一環として、間伐材の消費拡大に向けた動きが本格化しました。2000（平成12）年には「国等による環境物品等の調達の推進等に関する法律（グリーン購入法）」が成立し、2008（平成20）年には、間伐を促進する目的で、「森林の間伐等の実施の促進に関する特別措置法（間伐等促進法）」が施行されました。

　現在では間伐材の需要拡大とともに、木材加工技術も進歩しています。近年の合板製造技術では、国内の間伐したスギやヒノキを合板に加工することが出来るようになりました。また、木質バイオマス発電の燃料となる木質チップの生産も盛んに行われています。

人工林の間伐の効果

間伐（間引き）が行われていない人工林の現状の説明として最も妥当なものはどれでしょうか？

① 木が切られないので、森林としての二酸化炭素の吸収量は増加し続けている

② 林の中に自然と光が届き、林内に多様な生物が生息している

③ 樹木の葉層に水分を貯め込み、結果的に森林の水源かん養機能が向上している

④ 林内の地表がむきだしとなり、土砂崩れなどの災害が起こりやすくなっている

人工林から不要な木を間引く作業（間伐）により、育成する樹木に十分な光が届くようになり、光合成が活性化して、より質の高い木材を生産できるようになります。間伐をしないと、人工林は過密状態となり、林冠がうっぺいして、下層植生が発達しなくなります。そうなると、林内の地表がむき出しの状態となって、降雨等により表土が流出しやすくなります。

このほかにも間伐の効果として、風雪害や病虫害に強い健全な森林の育成や、多様な動植物の生息地の形成による生物多様性の保全などが挙げられます。また林業の観点からは、残存林分の成長促進や間伐材の販売による林業収入の確保といった効果が期待されます。

間伐前と間伐後の人工林の状態

93 丸太の生産量

2010年において、日本で生産される針葉樹丸太の中で、供給量の多い上位3樹種の組合せはどれでしょうか？

①ヒノキ・スギ・ヒバ　　　③クロマツ・ヒバ・スギ
②スギ・アカマツ・ヒノキ　④スギ・ヒノキ・カラマツ

2019（令和元）年では、国産材丸太の供給量21,883千m³のうち、スギが12,736千m³（約58%）、ヒノキが2,966千m³（約14%）、次いでカラマツが2,217千m³（約10%）を占めています。

なお、輸入される丸太は4,465千m³であり、国産材とあわせて日本では年間に26,348千m³の丸太が消費されています。これらの丸太は、製材、合板、木材チップなどに加工されます。

かつては南洋材（インドネシアやマレーシアから輸入されるラワン材など）や北洋材（ロシアから輸入されるシベリアカラマツなど）の丸太輸入が盛んでしたが、輸出国の伐採量制限、丸太輸出規制、輸出関税の引き上げなどにより、いずれも減少傾向にあります。

そのため、日本で生産される合板の原料については、スギ、カラマツ等の国産材に転換する動きが進んでいます。2000（平成12）年には138千m³であった国産材の合板用素材供給量が、2019（令和元）年には4,745千m³となり、同年に国内で生産された合板の原料のおよそ87%を占めるようになりました。

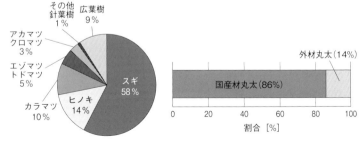

国産材丸太の供給割合（2019年）　　国産材と外材の丸太の供給量（2019年）

出典：農林水産省、令和元年木材統計

94 スギ丸太の価格の今昔

現在（2019年）、スギの丸太の価格は、40年前と比較してどのように変化したでしょうか？

①3分の1に下落した　　③ほぼ同じ

②2分の1に下落した　　④2倍に高騰した

スギ中丸太(注1)の価格は、木材需要の増加等を背景に、1980年に1m³あたり39,600円と最高値を記録した後、現在までに下落を続け、2019年には13,500円とおよそ3分の1になっています。製材品（スギ正角）価格については、1980年に最高値（72,700

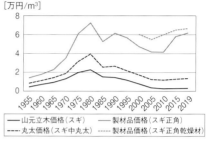

スギ価格の推移
出典：林野庁編、令和元年版森林・林業白書

円/m³）を記録し、2010年に41,600円まで下落した後回復し、2019年で61,900円/m³となっています。スギ正角（乾燥材）は2000年以降5万～7万円台で推移しています。

丸太価格の下落に伴い、スギの立木価格（山元立木価格(注2)）も大きく落ち込み、2019年では3,061円/m³に過ぎません。そのため、再植林の費用が賄えず、管理放棄された森林の増加が問題となっています。

木材価格が下落した一因として、グローバリズム進展の中で、木材も国際商品となり、国産材が国際的な相場水準に近づいてきたことが挙げられます。国産材の丸太の価格も一時の高値から大幅に下落しているものの、欧州と比較すれば必ずしも低いとはいえません。

木材価格の下落による林業の採算性の悪化に歯止めをかけ、山元の再植林意欲を向上させるために、林業の生産性向上、素材生産費用の縮減、流通の効率化、木材加工の生産性向上など、素材から製品にいたるあらゆる局面での取組みが求められています。

（注1）スギ中丸太…径級が14cm以上30cm未満の丸太。ただし、ここでは、農林水産省「木材価格」における「径14.0～22.0cmのスギ中丸太」を示す。
（注2）立木…地面に生育している伐採されていない樹木のこと。

（正答率59%）

2018年において、日本に木材を最も多く輸出している地域はどこでしょうか？

①東南アジア　②北アメリカ　③南アメリカ　④北ヨーロッパ

2018（平成30）年時点で、日本に木材を最も多く輸出している地域は北アメリカ（米国とカナダ）で、全体の約16%を占めます。特に、製材品については輸入量の3割強、製材用丸太については8割強を北アメリカに頼っています。マレーシアやインドネシアからの輸入量が多いように思われがちですが、実際には北アメリカの半分程度です。1990年以降の日本の木材供給量は、（1）景気の後退や（2）住宅需要の低迷、（3）製材品や合板の生産量の減少などで木材の需要量が落ち込んだことにより減少傾向にあります。なかでも製材用丸太の輸入量は著しく減少しており、1990年の28,999千㎥から2018年には3,727千㎥に減っています。とくにロシアからの輸入量は、4,865千㎥から92千㎥へと大きく減少しています。これはロシア政府が針葉樹丸太の輸出税率を引き上げたこと（2007年：6.5%→20%、2008年～：25%）に起因するものです。こうした背景から近年の日本の木材輸入形態は、（1）輸出国の丸太輸出規制や（2）国産材の価格低下、（3）間伐材などの小径木レース単板化技術の向上などによって、丸太から製品にシフトしています。

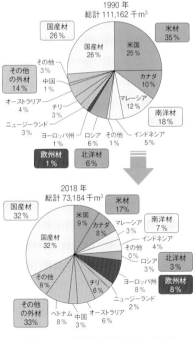

日本への産地別木材供給量（丸太換算）
林野庁編、令和元年版森林・林業白書を基に作図

96 木材の関税

（正答率48%）

現在（2019年）、日本に輸入される木材（丸太や製材品）に対して
かけられている関税はおよそ何％でしょうか？

①0％　　③100％

②50％　　④150％

財務省貿易統計の実行関税率表（2019年2月版）を見ると、一
部の木材を除いて、日本に輸入される木材（丸太や製材品）のほ
とんどが無税になっています。これに対し、コンニャク、コメ、落花
生、でんぷん、小豆、バター、粗糖などの農作物はかなり高い関税率
になっていると言われています。

貿易において「丸太」や「製材」は林産物として扱われていますが、
世界貿易機関（WTO）においては、この林産物は「農産物」ではなく、
電化製品や自動車などの鉱工業製品を対象とする「非農産物貿易」の
カテゴリーの中に含まれています。また、「合板」や「集成材」など
の木質材料、さらに「紙製品」、紙製品の原料である「パルプ」、「木材
チップ」なども林産物として扱われています。

そもそも、日本がまだ占領下であった1951年に、関税自主権を
失っている状況の中で、木材丸太の関税はゼロとなっていました。さ
らに、1964年に製材の関税が無くなり、木材の自由化が完成しまし
た。その後も、ケネディ・ラウンド合意（1968〜1972実施）、東京ラ
ウンド（1980〜1987実施）、モス合意（1987〜1988実施）、UR合
意（1995〜1999実施）を経て、少しずつ関税率が引き下げられ、現
在での関税水準は、丸太で0.0％、製材で0.0％〜10.0％、合板で
6.0％〜15.0％となっています。

貿易関税については例外品目を認めない形の関税撤廃をめざして
いるTPP（環太平洋戦略的経済連携協定）に日本も参加しており、農
作物生産者への影響が取り沙汰されている昨今ですが、丸太や製材品
のほとんどが、半世紀以上も前から無税であったことは驚きですね。

97 木材を分解してつくられる燃料

(正答率67％)

木材からある燃料を作り出すことができます。それは次のどれでしょうか？

①石　炭　　③アルコール

②石　油　　④プロパンガス

葡萄の絞り汁をアルコール発酵するとワイン（エタノール）ができます。発酵の際に二酸化炭素が発生しますので、これをワインに閉じこめるとシャンパン（スパークリングワイン）になります。ワインのアルコール濃度は10〜15％程度ですが、これを蒸留するとアルコール濃度40％程度のブランデーになります。さらに、アルコール濃度を99.5％にまで蒸留、脱水した無水エタノールは、燃料（ガソリンの代替）として利用することが出来ます。

日本酒やビールの場合は、米や麦のデンプンを糖化（糖に分解）してから、グルコース（ブドウ糖）をアルコール発酵させます。

木材の主要成分であるセルロースもブドウ糖が結合した高分子ですから、ブドウ糖にまで分解すれば、その後は上記と同じ工程でエタノール（アルコール）を醸造することが出来ます。サトウキビやトウモロコシと異なり、食用としない原料からのエタノール生成の技術に注目が集まっています。しかし、木材の場合、セルロースはリグニンに覆われているため、これを除去するために多くのエネルギーが必要なこと、デンプンに比べセルロースの分解がはるかに難しいことなどが課題です。そのため、木材をチップ状や木粉状にした後、酸を使って糖化する方法や、前処理して反応性を高くしてから酵素で分解する方法などが用いられています。

資源的に最も豊富な木質系バイオマス（セルロース）を効率的にエネルギー利用できれば、石油や石炭などの化石資源の消費を抑え、地球温暖化ガス排出削減に寄与することができます。

98 木材からつくられる固形燃料

木材工場からの廃材などを圧縮して作られる固形燃料のことを一般に何というでしょうか？

① 木質パレット　　③ 木質ペレット
② 木質メソッド　　④ 木質リゾット

　木質ペレット燃料とは、おが屑や鉋屑などの製材廃材や林地残材などの木質系の副産物・廃棄物を粉砕、圧縮し、成型した固形燃料のことです。大きさは長さ1〜2cm、直径6〜12mmのものが主流です。木材の成分であるリグニンを熱で融解し固着させることで成形しますので、接着剤の添加は一切必要ありません。そのため、ペレットの成分は木材と変わりません。

　ペレット燃料の特長は、他のバイオマス燃料に比べて非常に扱いやすいところにあります。形状・含水率が一定であるため、発電用ボイラーや家庭用のストーブなどの自動運転装置に適しています。輸送に関しては、エネルギー密度が高く一度により多くのエネルギー量を運べるため、長距離輸送が可能です。また加熱処理されているためカビなどが生える心配が少なく、長期間貯蔵もできます。

　近年では、ベトナムやカナダを中心に木質ペレットの輸入量は大きく伸びており、2019年の輸入量は161.4万トンに達しています。これに対し日本での生産量も伸びていますが、2019年時点で14.7万トン（自給率8.4％）であり、海外に比べると規模は小さいといえます。

木質ペレット
（ホワイトペレット）

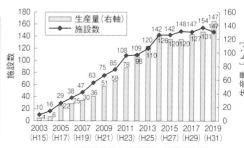

ペレット製造施設と生産量の推移（国内）
出典：林野庁ホームページ

99 省エネ資材と木材

木材、鋼材、アルミニウムを調整する際の単位体積あたりの炭素排出量は次のうちどの順番でしょうか？

① 木材＜鋼材＜アルミニウム
② 木材＜アルミニウム＜鋼材
③ 鋼材＜木材＜アルミニウム
④ アルミニウム＜木材＜鋼材

ライフサイクルアセスメントとは、製品の原料調達から製造、廃棄までの環境負荷を定量的に評価する方法です。これによって各材料を $1\,m^3$ 調整する際の炭素排出量を計算すると、製材の場合、天然乾燥であれば15kg、人工乾燥であれば乾燥（加熱）にエネルギーが必要となるため28kgの炭素が大気中に放出されます。合板では、単板切削、乾燥、加熱圧縮などの工程が増え、接着剤も必要となるので、120kgの炭素が放出されます。一方、鋼材やアルミニウムでは、製造に伴う炭素排出量が、それぞれ5,300kg、22,000kgであり、木質系の材料は加工に要するエネルギーが少ない、すなわち二酸化炭素排出の少ない資材であると言えます。

これらの材料を用いて $136\,m^2$ の住宅を建築するとき、木造住宅では一戸あたり5,140kgであるのに対し、鉄筋コンクリート造住宅では21,814kg（木造の4.24倍）、鉄骨プレハブ造住宅では14,740kg（木造の2.87倍）もの炭素が放出されます。木造住宅が、いかに地球に優しい住宅であるかが分かります。

また、資材の輸送にもエネルギーが必要となるため、輸送距離の短い地域材（国産材）を利用することの優位性が伺えます。

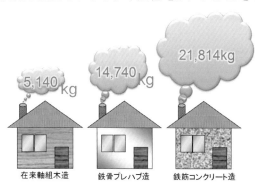

在来軸組木造　　鉄骨プレハブ造　　鉄筋コンクリート造

木力検定

114

100 木材利用の時代が到来

2010年10月に施行された「公共建築物等………に関する法律」の内容として妥当なものはどれでしょうか？

① 公共建築物の廊下には手すりの設置を義務付ける

② 公共建築物には24時間の換気設備を義務付ける

③ 公共建築物の建物の出入り口にスロープを設置するように努める

④ 低層の公共建築物は、原則として木造としなければならない

政府は、2020年までに国産材の需要を4,000〜5,000万㎥に拡大することにより自給率を50％以上とすることを骨子とした『森林・林業再生プラン』を2009（平成21）年12月25日に公表し、林野庁が主催する5つの検討委員会によってその方策が示されました。

また、『公共建築物等における木材の利用の促進に関する法律』（平成22年法律第36号）が成立し、2010（平成22）年10月1日に施行されました。この法律は、原則として「低層の公共建築物はすべて木造とする」と規定しています。ここでは、国が率先して木材利用に取り組むとともに、地方公共団体や民間事業者にも国の方針に即して主体的な取組を促し、住宅や中・大規模一般建築物への波及効果、木質の内外装、バイオマス利用を含め、木材全体の需要を拡大することをねらいとしています。今後は、これらの施策の妨げとなる法律や規制が見直され、木材利用がますます進展することが期待されます。

バイオマス時代の代表である木質資源……その有効な利用促進こそが地球環境と調和のとれた人類の発展をもたらす「木ワード」なのです。

ちなみに各選択肢は次の法律の説明です。

① 高齢者、障害者等の移動等の円滑化の促進に関する法律（バリアフリー新法）（2006年施行）に関連する項目

② 改正建築基準法（2003年施行）に関連する項目

③ 高齢者、障害者等の移動等の円滑化の促進に関する法律（バリアフリー新法）（2006年施行）に関連する項目

正　答

●木と木材のつくりを学ぼう

問題番号	正答	正答率
1	③	79%
2	③	50%
3	①	77%
4	③	56%
5	②	63%
6	①	31%
7	④	83%
8	④	33%
9	①	82%
10	③	55%
11	③	92%
12	①	89%
13	①	19%

●木材の利用と木質材料を学ぼう

問題番号	正答	正答率
25	②	36%
26	③	76%
27	①	47%
28	④	50%
29	②	48%
30	③	53%
31	②	58%
32	①	96%
33	②	49%
34	②	68%
35	③	20%
36	②	87%
37	④	75%
38	③	46%
39	③	46%

●木材の性質を学ぼう

問題番号	正答	正答率
14	②	48%
15	①	63%
16	①	75%
17	③	33%
18	①	76%
19	①	92%
20	③	49%
21	④	46%
22	①	89%
23	③	48%
24	①	75%

●木のここちよさを学ぼう

問題番号	正答	正答率
40	③	86%
41	①	65%
42	②	68%
43	②	41%
44	①	47%
45	②	92%
46	④	82%
47	④	72%
48	④	84%
49	①	44%
50	①	95%
51	①	96%
52	①	32%

木力検定

●木材と住宅について学ぼう

問題番号	正答	正答率
53	④	95%
54	④	60%
55	④	42%
56	②	85%
57	④	75%
58	③	75%
59	②	54%
60	④	77%
61	④	95%
62	③	54%
63	②	82%
64	②	58%
65	②	58%

●木と環境について学ぼう

問題番号	正答	正答率
66	③	49%
67	③	39%
68	①	77%
69	④	36%
70	④	72%
71	①	41%
72	④	67%
73	③	31%
74	③	68%
75	②	44%
76	③	92%
77	③	85%
78	①	46%
79	③	20%
80	③	54%
81	②	45%
82	②	57%

83	②	83%
84	③	38%
85	①	92%
86	②	56%

●木材と社会とのつながりについて学ぼう

問題番号	正答	正答率
87	②	38%
88	③	66%
89	③	25%
90	③	32%
91	④	84%
92	④	88%
93	④	76%
94	①	42%
95	②	59%
96	①	48%
97	③	67%
98	③	87%
99	①	48%
100	④	86%

索　引

木力検定

参考文献等

本書全般

1) 森林総合研究所監修：木材工業ハンドブック（改訂4版），丸善（2004）
2) 日本木材学会編：木質の物理，文永堂出版（2007）
3) 日本木材学会編：木のびっくり話100，講談社（2005）
4) 日本木材加工技術協会関西支部編：木材の基礎科学，海青社（1992）
5) 梶田 熙ら編著：図解 木材・木質材料用語集，東洋書店（2002）
6) 山下晃功著：木材の性質と加工，開隆堂（1993）
7) 田中一幸，山中晴夫監修：手づくり木工大図鑑，講談社（2008）
8) 赤堀楠雄著：よくわかる最新木材の基本と用途，秀和システム（2009）
9) 岩本恵三著：図解 木と木材がわかる本，日本実業出版社（2008）
10) 林野庁編：森林・林業白書，各年度版
11) 林野庁：http://www.rinya.maff.go.jp/index.html

木と木材のつくりを学ぼう

1) 村山忠親著：木材大事典170種，誠文堂新光社（2008）
2) 加藤定彦著：樽とオークに魅せられて，TBSブリタニカ（2000）
3) 原田 浩ら共著：木材の構造，文永堂出版（1985）
4) 福島和彦ら編：木質の形成，海青社（2003）
5) 佐伯 浩著：木材の構造，日本林業技術協会（1982）
6) 島地 謙，須藤彰司，原田 浩共著：木材の組織，森北出版（1976）
7) 京都大学木質科学研究所創立五〇周年記念事業会編著：木のひみつ，東京書籍（1994）
8) 屋我嗣良，河内進策，今村祐嗣編：木材科学講座12 保存・耐久性，海青社（1997）
9) 木質科学研究所木悠会編：木材なんでも小事典，講談社（2001）
10) （社）日本しろあり対策協会：http://www.hakutaikyo.or.jp/index.html
11) 原口隆英ら共著：木材の化学，文永堂出版（1985）
12) セルロース学会編：セルロースの事典，朝倉書店（2000）
13) 日本木材学会編：木質の化学，文永堂出版（2010）
14) 磯貝 明著：セルロースの材料科学，東京大学出版会（2001）
15) 磯貝 明編：セルロースの科学，朝倉書店（2003）

木材の性質を学ぼう

1) 成田寿一郎著: 木の匠 -木工の技術史-, 鹿島出版会 (1984)
2) 日本木材学会木質材料部門委員会編: 木材工学事典, 工業出版 (1982)
3) 寺澤 眞著: 木材乾燥のすべて [改訂増補版], 海青社 (2004)
4) 高橋 徹, 中山義雄編: 木材科学講座 3 物理 (第2版), 海青社 (2008)
5) 小原二郎著: 木と日本の住まい, 日本住宅・木材技術センター (1984)
6) 中戸莞二編: 新編 木材工学, 養賢堂 (1985)
7) NPO法人アオダモ資源育成の会: http://www.aodamo.net

木材の利用と木質材料を学ぼう

1) 村松貞次郎著: 大工道具の歴史, 岩波書店 (1973)
2) 大工道具研究会編: 鉋大全, 誠文堂新光社 (2009)
3) 渡邉 晶著: 大工道具の日本史, 吉川弘文館 (2004)
4) 庄司 修監修: 木工の基本を学ぶ (改訂版), ユーイーピー (2008)
5) 番匠谷薫ら編: 木材科学講座 6 切削加工 第2版 (海青社) (2007)
6) 浅野猪久夫編: 木材の事典, 朝倉書店 (1982)
7) 日本木材学会編: 木材の加工, 文永堂出版 (1991)
8) 奥村正悟, 藤井義久著: 製材, 和歌山県木材協同組合連合会 (1994)
9) 日本材料学会木質材料部門委員会編: 木材工学事典, 工業出版 (1982)
10) 文部科学省著: インテリアエレメント生産 (高等学校教科書), コロナ社 (2007)
11) 高橋 徹, 中山義雄編: 木材科学講座 3 物理 (第2版), 海青社 (2008)
12) 林 知行著: ウッドエンジニアリング入門, 学芸出版社 (2004)
13) 秋田県立木材高度加工研究所編: コンサイス木材百科改訂版, 財団法人秋田県木材加工推進機構 (2002)
14) 集成材の日本農林規格 (全部改正: 平成19年9月25日農林水産省告示第1152号)
15) 単板積層材の日本農林規格 (全部改正: 平成20年5月13日農林水産省告示第701号)
16) 日本木材加工技術協会編: 木材の接着・接着剤, 産調出版 (1999)
17) 柳 宗理ら編: 木竹工芸の事典 (新装版), 朝倉書店 (2005)
18) 有馬孝禮著: 木材の住科学, 東京大学出版会 (2003)

木のここちよさを学ぼう

1) 高橋 徹, 鈴木正治, 中尾哲也編: 木材科学講座 5 環境, 海青社 (1995)

2) 佐道 健著：木のメカニズム，養賢堂（1995）

3) 岡野 健ら編：木質居住環境ハンドブック，朝倉書店（1995）

4) 島地 謙，須藤彰司，原田 浩共著：木材の組織，森北出版（1976）

5) 伏谷賢美ら共著：木材の物理（第3版），文永堂出版（1991）

6) 佐道 健著：増補版 木を学ぶ木に学ぶ，海青社（1995）

7) 城代 進，鮫島一彦編：木材科学講座4 化学，海青社（1993）

8) 永井 智他：室内環境整備技術の開発I フローリング床上におけるダニ／
スギ花粉アレルゲンの量及びその動態，アレルギー，53（2・3），p.329
（2004）

9) 木構造振興（株）編：最新データによる木材・木造住宅のQ＆A，木構造振
興（2011）

10) 日本木材学会編：解説 木と健康・地球環境問題と木材 木材利用推進マ
ニュアル，日本木材総合情報センター（1999）

木材と住宅について学ぼう

1) 建築基準法（昭和25年5月24日法律第201号）

2) 中井多喜雄，石田芳子著：イラストでわかる二級建築士用語集，学芸出版
社（1998）

3) 関谷真一著：ゼロからはじめる建築知識01木造住宅，エクスナレッジ
（2010）

4) 社団法人日本建築学会編：シックハウス事典，技報堂出版（2001）

5) 戸城正博著：図解建築基準法令早わかり，オーム社（2004）

6) 住宅の品質確保の促進等に関する法律（平成11年6月23日法律第81号）

7) 内閣府大臣官房政府広報室：森林と生活に関する世論調査（2011）（2019）

8) 杉山英男編著：木質構造［第4版］，共立出版（2008）

9) 秋田県立木材高度加工研究所編：コンサイス木材百科改訂版，（財）秋田県
木材加工推進機構（2002）

10) 安水正著：ゼロから始める建築知識02木造の工事，エクスナレッジ
（2010）

11) 田中千秋，喜多山繁編：木材科学講座6 切削加工，海青社（1992）

12) 林 知行著：ウッドエンジニアリング入門，学芸出版社（2004）

13) 佐道 健著：木のメカニズム，養賢堂（1995）

14) 文部科学省著：インテリア装備（高等学校用教科書），東京電機大学出版局
（2005）

15) 宮本茂紀編：原色インテリア木材ブック，建築資料研究社（1996）

16) 文部科学省著：インテリアエレメント生産（高等学校用教科書），コロナ社

（2007）

17）村田光司ら著：この1冊で「木造住宅」が面白いほど分かる!，エクスナレッジ（2010）

18）平井卓郎，宮沢健二，小松幸平著：木質構造　第2版，共立出版（2006）

19）菊池重昭編著：建築木質構造，オーム社（2001）

木と環境について学ぼう

1）井上 真ら著：人と森の環境学，東京大学出版会（2004）

2）日本学術会議：地球環境・人間生活にかかわる農業及び森林の多面的な機能の評価について（答申）（2001）

3）巌佐庸ら編：生態学事典，共立出版（2003）

4）八杉龍一ら編：岩波生物学辞典第4版，岩波書店（1996）

5）森林環境研究会編著：森林環境2010生物多様性COP10へ，森林文化協会（2010）

6）環境省：里地里山保全再生計画作成の手引

7）フィトンチッド普及センター：http://www.phyton-cide.org

8）高橋 徹，鈴木正治，中尾哲也編：木材科学講座5 環境 第2版，海青社（2005）

9）森林セラピーソサエティ編：森林セラピー森林セラピスト（森林健康指導士）養成・検定テキスト，朝日新聞出版（2009）

10）環境省編：環境白書平成22年版，日経印刷（2010）

11）環境省：平成21年版 カーボン・オフセット白書

12）FAO: Global Forest Resources Assessment 2020，世界の森林資源評価2020

13）渡辺 正編：地球環境を考える，丸善（1996）

14）文部科学省，他3省庁：気候変動2007統合報告書，http://www.env.go.jp/earth/ipcc/4th_rep.html

15）桑原正章編：もくざいと環境，海青社（1994）

16）内嶋善兵衛著：地球温暖化とその影響，裳華房（1997）

17）樽谷 修編：環境資源としての森林，朝倉書店（1995）

18）R. H. ホイタッカー著，宝月欣二訳：生態学概説 –生物群集と生態系–（第2版），培風館（1997）

19）松本光朗：日本の森林による炭素蓄積量と炭素吸収量，森林科学，No.33．（2001）

20）奥山 剛：アマゾンの熱帯雨林の現状，第11回持続性木質資源工業技術研究会講演要旨集，p.11（1998）

21）環境省地球環境部監修：熱帯林の減少，中央法規出版（1996）

22）大石眞人著：森林破壊と地球環境，丸善（1995）

23）Moller, C. M. et al.: Graphic presentation of dry matter production of European beech, Det. Forestl. Forsogsv., 21, 327-335（1954）

24）岩坪五郎編：森林生態学，文永堂出版（1996）

25）吉良竜夫著：生態学講座2 陸上生態系，共立出版（1976）

木材と社会とのつながりについて学ぼう

1）坂本太郎ら校注：日本書紀上（日本古典文学大系67），岩波書店（1967）

2）宇治谷直尊著：日本書紀（上）全現代語訳（講談社学術文庫），講談社（1988）

3）成田寿一郎著：木の匠－木工の技術史－，鹿島出版会（1984）

4）西岡常一，小原二郎著：法隆寺を支えた木，NHK出版（1978）

5）財務省：貿易統計　実行関税率表（2019年2月版）

6）阿部 勲・作野友康編：木材科学講座1 概論，海青社（1998）

7）坂西欣也著：トコトンやさしいバイオエタノールの本，日刊工業新聞社（2008）

8）農林水産省：バイオマス・ニッポン総合戦略（平成18年3月31日策定）

9）日本木質ペレット協会　http://www.mokushin.com/jpa/index2.html

10）TheBIOENERGY international 日本語ダイジェスト版 №41-Dec（2009）

11）小池浩一郎：グローバル・レポート、現代林業、392、46-49（1999）

12）梶山恵司，戸矢晃一：日本は「木の文化の国」という"ウソ"，日経ビジネスホームページ，http://business.nikkeibp.co.jp/article/manage/20100408/213892/

13）大熊幹章：炭素ストック，CO$_2$収支の観点から見た木材利用の評価，木材工業，53(2)，54-59(1998)

14）中島史郎，大熊幹章：地球温暖化防止行動としての木材利用の促進，木材工業，46(3)，127-131（1991）

15）岡崎泰男，大熊幹章：炭素ストック，CO$_2$放出の観点から見た木造住宅建設の評価，木材工業，53(4)，161-165（1998）

16）有馬孝禮著：エコマテリアルとしての木材，全日本建築士会（1994）

17）有馬孝禮：木造住宅のライフサイクルと環境保全，木材工業，46(12)，635-640(1991)

18）有馬孝禮：資源・環境保全面から見た木造住宅の展開，木材工業，49(11)，498-504(1992)

── 木材利用システム研究会について ──

　木材利用システム研究会は、木材産業のイノベーションによる木材需要拡大を目的として、木材産業界とアカデミアの相互理解と協調の場を築き、木材の加工・流通・利用分野の『地球環境貢献・地域経済効果・社会影響評価』『マーケティング』『政策』などを対象とした研究、教育、啓発活動を行っています。詳細は、ホームページ（http://www.woodforum.jp/）をご覧下さい。当研究会では、木力検定委員会を設置して、学際的な知見から問題の作成と精査を行うとともに、上記ホームページにて、ウェブ版『木力検定』を公開しています。お試し頂くとともに、ご意見を賜れば幸いです。

　木材利用システム研究会へのご質問・ご連絡などがございましたら、お名前、ご所属を明記の上で、研究会事務局宛にe-メールでお寄せください。info@woodforum.jp

Wood Proficiency Test
Volume 1
100 questions for wood utilization
[Second edition]
edited by
M. Inoue and T. Higashihara

モクリョクケンテイ
木力検定　① 木を学ぶ100問 ［第2版］

発　行　日	──	2012 年 3 月 10 日　初　版　第 1 刷
		2021 年 5 月 28 日　第 2 版　第 1 刷
定　　　価	──	カバーに表示してあります
編　著　者	──	井　上　雅　文
		東　原　貴　志
発　行　者	──	宮　内　　　久

海青社
Kaiseisha Press

〒520-0112　大津市日吉台 2-16-4
Tel.(077)577-2677　Fax.(077)577-2688
http://www.kaiseisha-press.ne.jp
郵便振替　01090-1-17991